煤泥水沉降特性研究

樊玉萍 | 著

MEINISHUI
CHENJIANG TEXING YANJIU

·长 沙·

前言

Foreword

煤炭是我国的主体能源，2019 年全国煤炭产量 37.5 亿吨，而选煤是煤炭清洁利用的源头，对环境保护和实现我国煤炭工业的可持续发展有着重要的战略意义。随着综采技术发展和煤炭开采深度的增加，细粒煤泥含量大幅提高，煤质更加复杂，给煤炭洗选带来巨大挑战，使固液分离成为煤炭高效利用的“瓶颈”。这主要体现在煤泥颗粒表面荷电高、亲水性强、遇水易泥化，采用传统加药方式难以实现高效固液分离，最终影响洗选效率、产品质量和生产成本，甚至影响发电、炼焦等下游行业的经济效益和环境效益。煤炭洗选固液分离已经成为整个选煤行业涉及面最广、投资最大、最复杂、最难处理的工艺环节。

本书针对煤炭洗选过程中复杂组分非稳定分散体系固液分离的粒度组成、矿物质成分及含量、煤炭氧化程度和药剂吸附特性对煤泥沉降脱水效果的影响规律展开研究，利用粒子图像测速技术获得了不同入料性质、药剂制度作用下煤泥的沉降特性，同时通过对样品表面物理化学性质、絮团结构特性及浓缩沉降效果进行分析，结合滤饼脱水过程中的沉积规律，探讨了平朔弱黏煤的沉降脱水特性及两者的耦合作用，并在此理论指导下，完成了二号井选煤厂风氧化煤沉降脱水处理的工业试验，取得了良好应用效果。本书可供矿物加工工程、环境工程等相关领域科研、管理人员阅读借鉴。

课题组长期致力于煤炭废水的清洁高效利用，本书是课题组多年成果总结的一部分，在编撰过程中得到了许多师生朋友的大力支持和无私帮助。尤其是课题组负责人董宪姝教授、团队骨干姚素玲副教授、孙冬副教授、马晓敏讲师，以及宋帅、王志清、李慧、彭德强、冯泽宇、陈茹霞、常明等多位师弟师妹，在此一并表示诚挚的感谢；同时感谢中煤平朔集团洗选中心及现场工作人员在项目实施过程中的无私帮助，感谢中南大学出版社的大力支持。

由于时间仓促、作者水平有限，错误和缺点在所难免，恳请读者指正。

樊玉萍

2020.12

目录

Contents

第 1 章　绪论

1.1　煤泥水处理意义

中国是世界上的储煤大国和用煤大国，全国煤炭已探明总储量约为 114.5 Bt，占世界总储量的 11.6%。由于“富煤、贫油、少气”的资源分布特点导致煤炭在我国一次能源消费中所占比例居高不下(约占 70%)，并且这一格局将维持相当长的时间[1,2]。据统计[3]，2019 年我国的原煤产量达到 37.5 亿吨，而原煤入选率仅为 60%左右，仍有近四成的原煤未经洗选被直接消耗。随着近年来能源结构的不断优化调整，国家和社会对能源的清洁使用和环境保护提出了更高要求。在此形势下，提高原煤入选率，改进现有煤炭洗选技术是选煤领域面临的重要课题[4]。

综采技术发展及开采深度增加，使得薄煤层及含矸石较高的煤层也得到迅速开发，为高效利用煤炭而进行的破碎、筛分等深度脱硫降灰作业，直接导致选煤厂入选原煤中−0.5 mm 煤泥含量逐年增加，给选煤厂煤泥水处理带来了极大挑战。中国绝大部分选煤厂采用湿法分选，平均洗选 1 t 原煤需 3~5 t 水。选煤过程产生的煤泥水中夹带大量微细颗粒和化学药剂，从而形成了组分复杂的难处理悬浮液。若直接排放，既浪费大量水资源同时也对环境产生很大危害。从资源循环利用和环境可持续发展角度来说煤泥水处理便是一个不可或缺的重要系统工程而且是整个选煤工艺中涉及面最广、投资最大、最复杂、最难管理的环节。

煤泥水处理的好坏直接影响整个选煤厂的洗水闭路循环[5]，更关系到选煤厂节能、节水、煤炭资源回收、生态环境保护等多个方面[6]。原因在于煤泥水集中了原煤中最细、最难处理的微细颗粒，颗粒粒度越小，其比表面积越大，重力作用也越小，使得煤泥水系统形成胶体，强烈的布朗运动促使颗粒在水中保持悬浮分散，难以自然沉降。因此必须采取混凝沉淀和剪切絮凝等强化措施来实现煤泥水的加速沉降，从而达到洗水闭路循环的目的。混凝沉淀法的核心就是通过向煤泥水中分别加入凝聚剂和絮凝剂，促使分散悬浮的微细颗粒与溶解态絮凝剂产生化学吸附、电中和脱稳以及黏结架桥等作用；剪切絮凝的核心是在搅拌的作用下使得悬浮颗粒强行脱稳、促进颗粒间的相互接触和碰撞，从而结合成大的絮团而迅速沉降，达到加速煤泥水澄清的目的[7-10]。

由此可见，根据不同煤泥水特性选择相应的经济型药剂制度是煤泥水处理的首要前提。而从微观角度分析不同工艺条件所产生絮团的生长能力、运动规律、有效密度等絮团特性就成了重中之重。因此系统而深入分析煤泥沉降特性，是解决复杂组分非稳定分散体系高效固液分离的基础。

1.2 煤泥水特性研究进展

煤泥水处理中的难点在于：一是经氧化、风化、泥化等作用，煤泥水入料粒度不断变细，微细颗粒物含量的增加导致煤泥水沉降过程药剂消耗量增加、煤浆体系黏度增加、絮凝沉降不彻底，最终造成煤浆脱水过程中滤饼厚度偏小、透气性差、滤饼水分偏高等问题；二是难处理煤泥中含有的大量微细矿物组分是影响煤泥处理的关键因素，这些矿物颗粒多数具有结晶质的层状结构，遇水具有强大的水化分散性和可塑性，其中的多数黏土矿物还具有较强的吸附性和离子交换性，因此极大地抑制了煤泥水的沉降脱水处理；三是不同氧化度煤泥在粒度组成变细、矿物质含量增加的同时，颗粒表面的 Zeta 电位、润湿性及含氧官能团等都会有不同程度的改变，因而对煤泥水的处理产生诸多不利影响[11-12]。

1.2.1 溶液环境对煤泥水沉降性能的影响

在选煤工艺中湿法选煤占有很大比例。重介浅槽、跳汰分选、细粒煤浮选都是以水作为介质，且大部分用水都需经过处理之后在整个生产系统中循环使用。当前，我国的选煤技术水平完全能够为选煤厂生产提供完善可靠的煤泥水处理工艺和设备。选煤厂常见的煤泥水系统包括：煤泥分选-尾矿浓缩-煤泥压滤。在这一体系中，任何环节对于实现选煤厂闭路循环都至关重要。

目前，世界产煤大国如美国、俄罗斯、澳大利亚、南非、英国、德国等都基本实现了煤泥水的零排放，分离得到的煤泥也基本可以实现合理利用。这些国家的原煤煤质总体较好，分选设备与工艺先进，产生的煤泥水适当处理之后即可满足要求。

长期以来，我国一直从多方面致力于煤泥水处理研究。但大量生产实践表明：对于泥化严重的难处理煤泥水，效果依然不好。

工艺流程越来越复杂，但煤泥水依然不澄清。其原因在于煤泥水中含有大量黏土类微细粒矿物，如高岭石、白云石、伊利石和蒙脱石。这些黏土颗粒表面基本荷负电，颗粒间相互排斥，难以聚集沉降。这类型煤泥水通常在短时间内很难澄清[13]。

当前煤炭市场竞争日益激烈，降低生产成本、提高产品质量显得尤为重要。

普通选煤厂每小时产生的煤泥水量可达数千立方米。因此絮凝剂的消耗量是十分庞大的，这部分费用给选煤厂带来较大经济负担。因此，必须采用一系列合理的药剂制度和强化措施，以加速煤泥水中颗粒的沉降。目前，在选煤生产实践中，多采用凝聚剂和高分子絮凝剂来促进煤泥水的澄清。

王金生[14]等人，从pH、水质硬度、煤泥的泥化程度、电解质的角度入手，结合煤泥水性质，考察了各影响因素的作用机理以及适合条件范围。

张明青[15]等人用Ca^{2+}离子溶液在不同pH条件下对高岭石和蒙脱石分别作用，试验结果表明在pH=5的溶液中，Ca^{2+}离子在黏土表面以静电形式吸附；在pH=11的溶液中以$Ca(OH)_2$沉淀和静电形式吸附；在pH=8的溶液还可能存在羟基络合吸附形式。

闵凡飞[16]等人通过凝聚剂与絮凝剂复配使用，探究了药剂对煤泥水沉降特性的影响，并分析了凝聚剂在高泥化煤泥水沉降过程中的作用机理。结果表明，单独添加凝聚剂难以满足高泥化煤泥水沉降的目的，但是无机盐凝聚剂的添加对于提高煤泥水上清液透光率会起到一定作用。研究表明无机盐凝聚剂的添加可以起到压缩颗粒表面双电层的作用，使其失稳沉降。同时，带有高价阳离子的凝聚剂对煤泥水的凝聚沉降效果优于低价离子；对于相同价位的阳离子，凝聚沉降效果也有差别，说明无机凝聚剂对煤泥水颗粒沉降的影响不仅受阳离子电荷的影响，还与药剂在颗粒表面吸附交换特性有关。

张慎军[17]等人基于电荷中和理论和吸附理论，另辟蹊径采用低价盐碳酸钾作为凝聚剂进行煤泥沉降试验，发现，碳酸钾除具有凝聚作用外，本身也具有一定的絮凝作用，当与聚丙烯酰胺搭配时，沉降效果反而优于传统的高价凝聚剂硫酸铝，其沉降速度更快，用量更小，上清液浊度更低。具体作用机理为碳酸钾的水溶液呈碱性，因而会水解产生K^+、HCO_3^-和OH^-，K^+中和煤泥颗粒表面负电荷，而水解产生的HCO_3^-和OH^-有利于聚丙烯酰胺的架桥作用。

随着水资源的日益减少和污水废水排放量不断加大，污染物种类不断增加，成分日益复杂，对环境的污染日益加重。同时，随着对絮凝剂理论认识的不断加深，近些年越来越多的新型絮凝剂不断出现[18-21]。林喆[22]等人用聚丙烯酰胺(PAM-ASG903)和经淀粉改性的聚丙烯酰胺(polyacrylamide，PAM)进行絮凝沉降试验，得到絮凝剂的表面性质对悬浮颗粒具有选择性，淀粉改性的聚丙烯酰胺对黏土矿物无效，但可以使煤颗粒聚沉形成较为密实的沉淀层；PAM-ASG903可同时聚沉黏土矿物和煤，但压实层密度较小。石太宏[23]等人基于固体聚硫酸铁(PFS)在实验室制备了固体聚磷硫酸铁(PPFS)，并对其絮凝性能进行了研究。研究表明PPFS絮凝剂对水中Cu^{2+}和COD_{Mn}在pH为10~11时的去除率分别为90%和80%以上。

综上所述，国内外学者主要探究了各因素对沉降效果的影响，诸如，凝聚剂和絮凝剂的性质和结构、浓度、水解度、分子量以及环境中的 pH 和温度等，并且多集中在添加药剂改变颗粒的表观特性以提高物料的沉降效果，而很少结合絮团特性来综合分析药剂制度对煤泥水沉降的影响。

1.2.2 矿物质组成对煤泥水沉降性能的影响

我国煤田及围岩中的主要伴生矿产资源有：高岭土、膨润土、耐火黏土、硅藻土、硅灰石、石墨、花岗岩、大理石、硫铁矿、石灰岩、石膏、冰洲石、矸石、石煤、煤层气、矿泉水等，它们构成了煤系共伴生资源。其中高硅类的伴生矿物，以及硅藻土、膨润土、高岭石等最为常见，且储量较大。黏土矿物多数为结晶质的层状结构，其表层附近的水分子具有朝表面定向排列的趋势，水分子和矿粒强烈的吸引作用使得矿粒表面形成水化膜，从而保持较强的稳定性[24-25]。黏土类矿物具有强大的水化分散性和可塑性，而且吸附性和离子交换性也较强，大大增加了固体颗粒与水的分离难度。冯莉、刘炯天等[25]分析了颗粒大小、矿物泥化性质、Zeta 电位、水质硬度等性质对煤泥水沉降特性的影响，指出黏土颗粒间的斥力造成了煤泥颗粒的分散状态。

亓欣[26]研究了常见黏土矿物高岭石、蒙脱石和伊利石对煤泥表面性质的影响。结果表明：高岭石和伊利石在煤泥水中分散性差，蒙脱石软化崩解后粒度会变得更细小，在煤泥水中均匀分散，恶化沉降效果。Zeta 电位结果显示高岭石和伊利石对煤表面的电负性影响较小，而蒙脱石会增加混合煤样的电负性，使煤泥颗粒更易稳定悬浮，不利于沉降，因此蒙脱石是影响煤泥水沉降的主要矿物。徐初阳[27]对张二选煤厂煤泥水特性进行分析，发现该煤泥水中<0.045 mm 粒度级颗粒是煤泥的主要组成部分，且原煤中的方解石和高岭石极易泥化成细小粒子，释放 Ca^{2+}、Mg^{2+}等离子，从而改变循环水的硬度。当煤和矸石的质量比为 3∶1 时，循环水的硬度最大，煤泥水的沉降效果最好；当更多亲水性强的矸石入选时，会吸附一部分离子，从而降低煤泥水硬度，不利于沉降。王辉锋[28]研究了高岭石对纯煤沉降的影响规律，结果表明：高岭石的粒度组成对矿浆的沉降影响较小，阳离子型絮凝剂作用下高岭石的沉降效果最好，阴离子型絮凝剂对纯煤的沉降效果较好，当高岭石在煤中的配比大于 30%时，阳离子型絮凝剂沉降效果最好，且用量为 0.2%~0.5%。崔广文[29]对不同性质的煤泥水进行絮凝沉降发现，高灰细粒含量大的浮选尾煤需先用凝聚剂聚合氯化铝中和颗粒表面负电性才可实现颗粒的絮凝沉降；吕一波[30]用絮凝剂 CPSA 对含有 39.3%黏土类矿物的高泥化煤泥水悬浮体系进行絮凝研究发现，SiO_2 和 Al_2O_3 等矿物质是黏土类矿物质的主要成分，这些矿物质在水中易解离成表面携带大量负电荷的极细颗粒，通过 CPSA 分子和聚合硫酸铁的结合使用，可以同时聚沉煤和黏土矿物，且沉淀迅速，沉积层较为密实。聂荣春[31]采用不同类型的聚丙烯酰胺对原生煤泥和浮选尾煤进行沉降分

析，结果表明非离子与阴离子型的聚丙烯酰胺对不同性能的煤泥水处理差别不大，阳离子型絮凝剂由于其电性中和作用对细泥高灰强负电性的浮选尾煤处理效果较好；王卫东[32]利用水分子的介质损耗角大，对微波能的吸收高，造成在微波高频电场作用下反复快速取向和高速旋转，从而形成煤/水界面的剪切力，破坏煤泥水中煤颗粒表面水化膜结构，使得两颗粒能够克服“势能垒”，发生凝聚，产生颗粒粗大化的现象，有利于提高分散体系的沉降性能。同时适宜的微波辐射通过高频电磁场作用引起带负电煤颗粒的加速运动、相互碰撞，破坏了煤颗粒表面的水化膜结构，促进了煤水分离，由于大量极性水分子对微波的强吸收能力，引起煤泥水中短时间温度梯度破坏水分子结合力，利于煤泥比阻的降低[33]。

综上所述，矿物质对煤泥沉降的影响多集中在黏土类矿物遇水易泥化，产生的微细颗粒由于自身比表面积大、荷电量高，颗粒表面形成了一定厚度的稳定水化膜，最终导致煤泥水体系中颗粒间的斥力增大，整个体系呈胶体状态存在，因而加大了煤泥水的沉降处理难度，降低了煤浆的过滤脱水效果。

1.2.3　煤的氧化程度对煤泥水沉降性能的影响

煤炭是一种结构复杂的有机伴生无机质的化合物，其基本结构单元的主体是缩合芳香环，也有少量氧化芳香环、脂环和杂环，基本结构单元的外围连接有烷基侧链和各种官能团[34]。具有代表性的化学结构模型有 Fuchs(1942)模型、Given(1960)模型、Wiser(1973)模型和 Shinn(1984)模型等。由于煤的结构还与其生成环境、变质程度等因素有关，因此结构极其复杂。近年来，科研工作者们又对煤炭氧化的原因进行了深入探索，提出了许多学说，其中得到广泛认同的是煤氧复合作用学说，该学说认为煤炭能够吸附空气中的氧气(主要为表面吸附和化学吸附)，发生化学反应并放热使得煤炭温度急剧升高，从而引发氧化反应，甚至自燃[35-37]。

(1)H_2O_2 氧化机理

H_2O_2 的氧化主要是将煤中 R—OH、R—O—R 等键进行氧化，使之生成—COOH、R—OH 等新基团，最终导致煤中酸性基团数量的增加。采用 H_2O_2 氧化煤样的过程首先是打断了煤中作用力比较弱的非共价键，使之产生大分子碎片和 CO_2 等，继而使煤分解成为更小的芳环结构，而这些小的芳环结构会经再氧化，最终生成小分子脂肪酸，反应模式如图 1-1 所示：

(2)空气氧化机理

煤的空气低温氧化是在 100℃以下的自然环境中完成的，主要是在煤的内外表面进行氧化，形成表面碳氧络合物，这种络合物性质非常不稳定，易分解为 CO、CO_2 和 H_2O 等。通常认为，煤炭低温氧化的反应机理主要有以下三种：

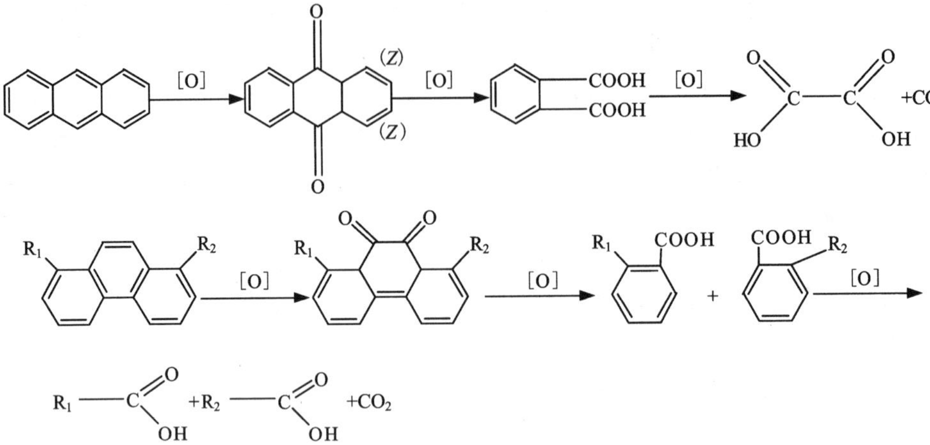

图 1-1　H_2O_2 氧化煤机理反应模式

①自由基连锁机理。该机理是指当一个分子被激发成自由基状态时，会引发下一个甚至更多的分子被激活为自由基，导致链式连锁反应的发生；

②氧化水解机理。当煤样中有少量水存在时，煤的氧化反应就可以加速进行，因此煤的氧化在一定程度上被认为是一个氧化水解的过程。当煤中的脂肪环C—C 键上连接有亲电子的—OH、—O—、═C ═O 等活性基团时，就会因这些键的水解而断裂，放出热量；

③酚羟基氧化机理。大量试验研究表明，煤中的酚羟基在煤炭低温氧化中起着重要作用。在氧化反应的开始阶段，煤中的芳香结构会先被氧化成酚羟基，经醌式结构中间态后芳香环破裂，最后生成羧基。这一系列的反应过程均是放热反应。

(3)矿物质的影响

煤中的无机质主要为矿物质，包括石英、高岭石和黄铁矿等。在研究煤的氧化过程机理时，这些伴生矿物对煤的氧化反应也产生着一定的影响。

Liotta(1983)、Clemens(1991)和 Wang(2003)等对于煤在氧化过程中所发生的一系列具体反应进行了详细描述，其中针对煤的中温氧化过程所提出的反应历程见图 1-2：

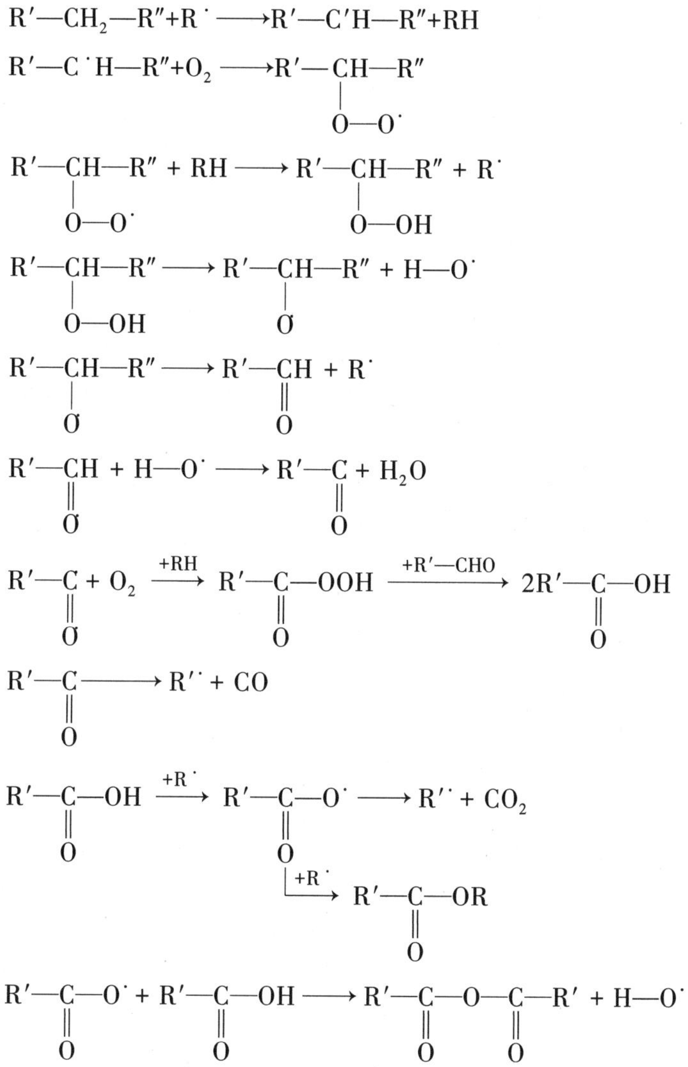

$$R'{-}CH_2{-}R''+R^{\cdot} \longrightarrow R'{-}C'H{-}R''+RH$$

$$R'{-}C^{\cdot}H{-}R''+O_2 \longrightarrow R'{-}\underset{\substack{|\\ O-O^{\cdot}}}{CH}{-}R''$$

$$R'{-}\underset{\substack{|\\ O-O^{\cdot}}}{CH}{-}R'' + RH \longrightarrow R'{-}\underset{\substack{|\\ O-OH}}{CH}{-}R'' + R^{\cdot}$$

$$R'{-}\underset{\substack{|\\ O-OH}}{CH}{-}R'' \longrightarrow R'{-}\underset{\substack{|\\ O^{\cdot}}}{CH}{-}R'' + H{-}O^{\cdot}$$

$$R'{-}\underset{\substack{|\\ O^{\cdot}}}{CH}{-}R'' \longrightarrow R'{-}\underset{\substack{\|\\ O}}{CH} + R^{\cdot}$$

$$R'{-}\underset{\substack{\|\\ O^{\cdot}}}{CH} + H{-}O^{\cdot} \longrightarrow R'{-}\underset{\substack{\|\\ O}}{C} + H_2O$$

$$R'{-}\underset{\substack{\|\\ O^{\cdot}}}{C} + O_2 \xrightarrow{+RH} R'{-}\underset{\substack{\|\\ O}}{C}{-}OOH \xrightarrow{+R'-CHO} 2R'{-}\underset{\substack{\|\\ O}}{C}{-}OH$$

$$R'{-}\underset{\substack{\|\\ O}}{C} \longrightarrow R'^{\cdot} + CO$$

$$R'{-}\underset{\substack{\|\\ O}}{C}{-}OH \xrightarrow{+R^{\cdot}} R'{-}\underset{\substack{\|\\ O}}{C}{-}O^{\cdot} \longrightarrow R'^{\cdot} + CO_2$$

$$R'{-}\underset{\substack{\|\\ O}}{C}{-}O^{\cdot} \xrightarrow{+R^{\cdot}} R'{-}\underset{\substack{\|\\ O}}{C}{-}OR$$

$$R'{-}\underset{\substack{\|\\ O}}{C}{-}O^{\cdot} + R'{-}\underset{\substack{\|\\ O}}{C}{-}OH \longrightarrow R'{-}\underset{\substack{\|\\ O}}{C}{-}O{-}\underset{\substack{\|\\ O}}{C}{-}R' + H{-}O^{\cdot}$$

图1-2 煤的中温氧化过程

上述反应式表明：煤炭在氧化过程中，首先发生氧的吸附，在煤的表面生成氧的络合物；氧的络合物进一步与煤中自由基以及氧气发生反应，生成羟基；所产生的羟基发生氧化作用，生成碳氧双键；羰基由于其化学结构并不稳定，继而发生进一步氧化生成羧基；羧基在氧化过程中将会分解或游离，产生醚键，释放气体（CO_2 和 CO）和水。桥键是一种联结基本结构单元的化学键，在褐煤和一些低煤化度的烟煤中，以次甲基键和次甲基醚键最多。但是桥键是煤分子中的薄弱环节，易受热发生氧化而裂解。

$$CH_3—CH_2—O—CH_2—CH_3+O_2(\text{空气})\rightarrow CH_3—CH—\underset{\underset{O—H}{|}}{O}—CH_2—CH_3$$

醚的过氧化物受热易爆炸，是煤暴露于空气即气氧化的根源之一。煤分子中的醛基也是煤与空气中的氧发生氧化反应的导因之一。

$$2\,C_6H_5—\overset{\overset{H}{|}}{C}=O+O_2\longrightarrow 2\,C_6H_5—\overset{\overset{O}{\|}}{C}—OH$$

根据以上有机化学理论的推断可知，在常温常压条件下，煤表面非芳香结构酚中的某些烷基侧链、桥键以及含氧官能团等是煤与空气中的氧发生氧化放热反应的导因。煤炭的具体氧化过程极其复杂，国内外很多学者对其反应机理的研究只局限于间接地采用红外光谱、气相色谱等仪器设备进行检测，并没有从根源上推理出其氧化反应机理。但在煤的氧化过程中，已经得到大部分学者认同的是：煤炭表面经过氧化后，其表面碳氢侧链将会受到氧的攻击，含氧官能团含量将会显著增加。

徐辉[38]对放置不同时间的兖州煤样，做了相关的空气自然氧化试验，试验结果表明：黏结指数会随着时间测定值的增加而降低，最后趋于稳定。并且对不同粒度煤样黏结性的影响程度也不同；周坤[39]等人在实验室模拟了自然氧化的过程，他们主要研究了氧化度对炼焦煤工艺性质的影响，以氧化时间为指标，分析了煤炭在氧化前后的结构变化。试验结果表明：随着氧化时间的延长，高变质程度炼焦煤的 V_{daf} 变化较小，但是样品的黏结性和结焦性均有所降低；张国星[40]的研究表明：在现场实际检验中，氧化作用会使煤样的 Y 值偏低而 X 值偏高，黏结指数以及奥亚膨胀度也会相应降低。在空气中放置的煤样发生氧化作用，煤样的物理、化学及工艺性质变化的根本原因在于煤的有机质被氧化。白向飞[41]以神东煤为代表，运用 X 射线衍射(XRD)和核磁共振(13C-NMR)研究弱还原性煤煤岩组分的结构特征，结果指出：侏罗纪弱还原性煤具有较低的 H/C 原子比和较高的 O/C 原子比，其芳碳率和分子结构中环缩合程度相对较高，随惰质组分含量增加，弱还原性煤芳碳率和平均缩合环数增高。夏文成[42]在实验室条件下模拟太西新鲜煤样的氧化过程发现，风化作用可从本质上改变煤炭的表面性质，造成煤炭表面疏水性官能团迅速减少。煤炭受到高温氧化后，表面疏水基团含量降低，亲水基团含量相对增加，煤炭表面新生成大量孔洞、沟壑和裂隙，造成煤炭可浮性迅速下降，而导致氧化煤表面亲水性增强的原因主要为煤粒表面基团种类、含量和煤粒表面的微观形貌。

王娜[43]在研究含氧官能团对褐煤型煤防水性的影响中发现含氧官能团的减少能够提高型煤的防水性，其贡献大小依次为：羧基、酚羟基和羟基、羰基和醚氧基，其中羧基是与型煤表面性质关系最为密切的官能团。傅晓恒[44]利用

Setaram C80D 微热量仪测定了不同变质程度的煤在水中的润湿热，结果表明煤和水的作用为放热反应，煤阶越高，含氧量越少，润湿热越小。所以颗粒的粒度组成、矿物含量、含氧官能团及颗粒的表面形貌直接影响了氧化煤的絮凝沉降脱水效果。

1.3 煤泥絮团结构特性研究现状

煤泥水是一种组分复杂的非均相混合液体，其中聚集了煤中最难处理的微细颗粒，这些颗粒需要在凝聚剂压缩双电层和絮凝剂架桥网捕作用下才能形成具有一定形状、密度和强度的聚集体——絮团，通过重力作用沉降下来。絮凝效果的好坏与絮体结构密切相关，水中微细颗粒在凝聚剂作用下压缩双电层，颗粒之间相互碰撞，当胶体颗粒间的相互吸引力足以克服彼此间的斥力和扩散能量时，颗粒将黏合在一起，并在高分子絮凝剂的桥连下形成絮团，于是出现絮凝过程[45-49]。随着这种絮凝过程的进行，原来以胶体形式存在的颗粒将越来越少，逐渐演变成越来越大的絮团。当颗粒大到布朗运动不足以克服沉降作用时，颗粒将失去相互碰撞的推动力，此时絮团难以继续生长。如果采用适当的搅拌作用，则可以使这些大颗粒在搅拌力的作用下继续相碰，进一步长大为宏观尺寸的絮凝体，直到絮凝体粒度不能承受搅拌或水力剪切所产生的剪切力为止。因此絮体处于一个不断变化的动态平衡状态[50-53]。

国内外学者对于絮凝动力学的研究最早可以追溯到 1917 年 M Von Smoluchowski 提出的絮凝动力学理论，随后 20 世纪 40 年代苏联学者 BV Deryagin，L Landau 和荷兰学者 E J Verwey，J T G Overbeek 等人提出了 DLVO 理论，得到了各种形状胶体粒子的范德华吸引能和双电层排斥能的定量表达式。随后，越来越多的学者通过大量试验，发现絮凝体并非是一简单球体，颗粒之间的排列方式极其复杂，越来越多的学者开始将非线性科学例如混沌学和分形学等运用到研究絮凝体形态结构当中[54-55]。

1.3.1 絮团结构特征参数

絮凝物的不规则尺寸和形状使得它们难以被测量和量化。通常用不同等效直径来定义絮体大小并允许与其他絮体系统进行比较。选煤厂生产中通常采用颗粒的沉降速度和沉降后上清液的浊度来评价絮凝效果，但是这种宏观上的效果监测存在一定的滞后性和粗放性。所以表示絮凝效果的指标必须要能充分反映絮凝体的性质，因此对煤泥水的研究逐渐转入了对絮团微观结构的研究，具体絮团参数指标有：絮团粒径、絮团密度、絮团强度、絮团分形维数等。

(1)絮团粒径

絮团粒径在絮团性质中很重要。为比较形状各异且不规则絮团的粒径，一般用当量直径来定量描述。当量直径是指与絮体面积相等的圆的直径，一般用 d 表示，单位为 m

$$d=2\sqrt{\frac{s}{\pi}} \tag{1-1}$$

张乃予等[56]介绍了絮团粒径的 4 种测试方法：①CCD 拍照与图像处理技术结合，Manning 将 CCD 架在水槽壁来观测，这样对水槽的观察不干扰沉降体系，不破坏絮团结构，不足之处在于要获得絮团完整的成长记录和清晰图片，需要严格控制试验的初始颗粒浓度。②通过激光散射技术来测絮团尺寸，最常见的是商业测絮团尺寸(scattering and transmlssometry)，这种方法可以实现无扰动条件下测量泥沙絮团的粒径和体积浓度。③显微镜观测絮团，这种观测方法通常需要用移液管取出絮团样品后制作试验样本在显微镜下放大观察，朱中凡[57]用内径为 5 mm 移液管从絮凝反应器中取出絮团样品后，滴入装有去离子水的量瓶中进行稀释，再提取量瓶中的样品用盖玻片封好，放入荧光显微镜下观测，可以得到较为清晰的图像，但是在取样移液过程中对絮团进行了扰动破坏，无法保持絮团原有形貌。也有部分学者认为，絮团有一定的重新生成能力，且当外界环境条件(如浓度、盐度、温度等)不变，取出的絮团其结构参数也具有可比性。④扫描电镜观测絮团微观形貌结构，目前广泛应用于絮团孔隙微观结构的观测。沉降后的絮团进行取样，并冷冻干燥制备标本，最大限度避免絮团结构遭受破坏，同时又保留了絮团的真实形貌。得到絮团的电镜扫描图像后，通过图像分析技术获得絮团尺寸、形状以及絮团内部孔隙各项特征参数，这种方法可以对絮团进行较大倍数的放大，颗粒表面的微观结构更为清晰，不足之处在于高倍数下絮团的视野存在一定的局限性。

(2)絮团密度

密度是絮团的一个重要性质，通常利用 Stokes 沉降原理来反算絮团的密度。对絮团密度理论公式进行如下推导：假设絮团的质量 M_f 与其特征尺度 R 之间满足幂律关系，即对于单个絮团

$$M_f \propto d_f^{D_F}(1<D_F\leqslant 3) \tag{1-2}$$

式中：d_f——絮团的特征尺寸；

D_F——絮团的分形维数。

通常假设絮团为球状，令其直径为 d_f。单个絮团包含颗粒的个数 N_f 与絮团直径 d_f 的关系为

$$N_f \propto D_f^{D_F} \tag{1-3}$$

颗粒聚集体特征尺寸和颗粒数目的关系为

$$N_{\mathrm{f}}=\left[\frac{d_{\mathrm{f}}}{d_0}\right]D_{\mathrm{F}} \tag{1-4}$$

由式(1-2)、式(1-3)、式(1-4)可得到单个絮团的质量

$$M_{\mathrm{f}}=\frac{\pi}{6}\rho_0 M_{\mathrm{f}}\propto d_0^{3-D_{\mathrm{F}}}d_{\mathrm{f}}^{D_{\mathrm{F}}} \tag{1-5}$$

式中：ρ_0——组成絮团原始颗粒的密度。

由式(1-5)可见，当 $D_{\mathrm{F}}=3$ 时，絮团相当于没有孔隙的致密球体。取絮团体积为 V_{f}，则其干密度为

$$\rho_{\mathrm{fd}}=\frac{M_{\mathrm{f}}}{V_{\mathrm{f}}}=\rho_0\left[\frac{d_{\mathrm{f}}}{d_0}\right]^{D_{\mathrm{F}}-3} \tag{1-6}$$

絮团密度为

$$\lambda=\frac{\left(\frac{\pi}{6}\right)d_0^3 N_{\mathrm{f}}}{\left(\frac{\pi}{6}d_\rho^3\right)}=\left[\left(\frac{d_{\mathrm{f}}}{d_0}\right)^{D_{\mathrm{F}}}\right]^{-3} \tag{1-7}$$

大多数情况下，高密度的絮团对煤泥沉降是很有利的，原因是对于给定的絮团物质，流体的阻力减小了，这意味着较快的沉降速度与过滤速率。I G Droppo[58]等人指出絮团的密度决定于它的成分，如无机和有机颗粒、水含量和孔隙度以及孔的大小和形状，并且总是负相关关系。絮团密度很低，通常在1.0和1.4 g/cm^{3}之间(多数絮团密度低于1.1 g/cm^3)。絮团的大部分物理、化学性质都是由其孔隙特性决定的。

(3)絮团强度

测量絮团强度的方法分为两种，一种是宏观法，通过观测絮团尺寸实现；另一种是微观法，测量单个絮团内部颗粒之间的作用力。宏观法是间接地测量絮团强度，通过加入水流紊动剪切，根据水流的紊动强度值来计算絮团强度。将某一尺寸作为絮团形成与破坏的动态平衡点，用该平衡点下的宏观剪切速率评价该絮团的强度。微观方法是直接测量絮团强度，通过测定絮团内部黏结力来反映絮团的强度，方法直观，但是所需试验设备和仪器价格昂贵，无法广泛推广应用。目前大多数工作还是采用宏观观测方法。絮团强度试验的测量原理是确定所施加的水流剪切率作用下最终呈现的絮团尺寸，再根据所观测的絮团尺寸计算絮团强度特征参数来表示絮团强度。絮凝初期颗粒不断碰撞黏结增大形成更大絮团，当絮团剪切强度增大时絮团发生破裂重构，通常絮团破碎时的絮团尺寸及破碎时的絮团剪切强度能够反映絮团的强度。

絮团强度的另一种表示方法即用流体的剪切强度 G 来间接反映。混凝过程

中，剪切强度越高，所形成的絮体强度越大；剪切强度越低，所形成的絮体强度就越小。一般由试验数据和 Bache 公式计算而来[76]：

$$\sigma = \frac{4\sqrt{3}}{3}\frac{\rho_0 \xi^{\frac{3}{4}} d}{\nu^{\frac{1}{4}}} \tag{1-8}$$

式中：σ ——絮体强度，N/m^2；

ν——运动黏度，$N \cdot s/m^2$；

ξ ——湍流动能耗散速率，m^2/s^3；

d——絮体直径，m；

ρ_0——流体的密度，kg/m^3。

(4)分形维数

在混凝过程中，絮体的生长是一个较复杂的物化过程。传统的混凝过程研究，人们通常以絮体的平均速度和沉后水浊度等间接指标来反应混凝沉降效果，从而研究絮体的成长机制，某些程度上有一定的局限性。随着分形理论的出现，借助分形维数从微观角度来研究絮体的形态结构，能更直观、更真实地探究絮体的真实形成过程[59]。

絮团维数计算方法：利用絮团的二维投影面积与投影周长的函数关系来计算絮团的分形维数，絮团的投影面积与投影周长的函数关系为：

$$A = \alpha P^{D_F} \tag{1-9}$$

式中：A——絮团投影面积；

P——絮团投影周长；

α——比例常数；

D_F——絮团在二维空间的分形维数。

对式(1-9)两边分别取对数得到：

$$\ln A = D_F \ln P + \ln\alpha \tag{1-10}$$

由式(1-10)可知，测定不同的 P 和 A，可根据 $\ln A$ 和 $\ln P$ 的直线关系作图，求出的直线斜率就是絮团的分形维数(D_F)。

1.3.2 絮团结构特性研究现状

Peter Jarvis[60]对絮体结构表征的一系列技术进行了综述。絮凝物可以被认为是由较小的初级颗粒组成的高度多孔的聚集体。絮凝物的不规则尺寸和形状使得它们难以被测量和量化。通常有不同等效直径的范围用于定义絮体大小并允许与其他絮体系统进行比较。一系列絮凝体尺寸测定方法中，显微镜法虽然耗时，且需要大量的样品尺寸和繁琐的准备，但可以给出絮体形状的信息。使用光散射和透射光技术可以很好地在线测量絮凝物尺寸，而单个颗粒传感器对于测量絮凝物尺寸具有局限性。分形维数可以使用三种主要技术之一来测量：光散射、沉降和二维(2D)图像分析。其中光散射用于低折射率的小的开放絮凝物比较理想，而沉降法可应用于大多数低孔隙率的絮凝体系统；而 2D 图像分析则要求被测絮凝物和背景之间具有良好的对比度。

Vahedi[61]等人使用分形维数研究了石灰软化过程中形成的絮团的内部结构和沉降。直接从絮团图像并间接地从它们的沉降速度测定了絮团分形维数。确定了石膏软化过程中形成的絮团边界的分形维数为 1.11~1.25，絮团横截面积为 1.82~1.99，絮团体积为 2.6~2.99。从沉降的角度间接确定的分形维数为 1.87，不同于直接在图像上确定的 3D 分形维数，并且提出了造成这种差异的原因。

杨慧芬[62]等人利用图像分析法研究了矿浆 pH 对赤铁矿絮团形成的影响。试验结果证明：在红城红球菌的体系中，在矿浆不同 pH 下均能使赤铁矿形成絮团，但形成的絮团粒度及紧密程度不同，对赤铁矿沉降效果影响也不同。显然，矿浆 pH=5 和 pH=7 时絮团颗粒较 pH=3 和 pH=9 时的大，pH=3 时较 pH=9 时的大。而赤铁矿絮团则在 4 种 pH 时均较松散，不够紧密，沉降时的阻力大。赤铁矿絮团颗粒越小，赤铁矿颗粒的澄清界面越高，沉降效果越差。

郭玲香[63]等人将数学形态学的基本理论运用于煤泥水絮凝沉降絮团研究当中，详细介绍了图像处理的步骤及方法，巧妙地利用图像法分析了絮团粒度和桥长等微观结构参数。研究结果提出了高聚物对细粒煤泥的絮凝模式，并实现了高聚物絮凝作用机理的定量化研究。

程江[64]等利用 B 型现场激光粒度仪测定了现场细颗粒悬浮泥沙的实际粒径和体积浓度，并以此为参数计算了现场絮凝体的有效密度和沉降速度。得到絮团有效密度与沉降速度的变化范围以及不同位置处泥沙絮凝体的密度与沉降速度。

李冬梅[65]等研究了絮凝体的密度、孔隙率，絮凝体的粒径分布，絮凝体的强度、沉速与絮凝条件与分数维的关系并结合黄河泥沙试验，分析了絮凝体的分形特性及结构特性。

S Sun[66]开发了非侵入性数字成像方法以研究通过絮凝和沉降产生的絮凝体的粒度分布。该方法通过测量已知尺寸的标准聚苯乙烯颗粒来校准，并用于计数和测量单个高岭土黏土颗粒以及通过用聚氯化铝凝聚和絮凝形成的聚集体。测试过程中使用 LabVIEW 自动化识别失焦絮状物，并用于从分析的数据库中移除它们。结果表明，高岭石黏土试验悬浮液的粒径测量为 7.7±3.8 μm，并且获得了浊度与黏土颗粒浓度之间的线性关系；同时在沉降体系中观察到的絮凝物最大尺寸小于 1208 μm，这与通过实验管沉降器的捕获速度为 0.21 mm/s 的模型预测的值一致。

Li 等[67]通过 PA 试验观测絮团强度指数 FI 并通过图像分析技术计算絮团二维分形维数，探讨了不同剪切速率下的絮团强度与絮团结构的关系，发现虽然絮团粒径随着紊动剪切频率的增大而减小，但是絮团强度与分形维数随剪切频率的增大而增大，并证实絮团尺寸增大，絮团强度减小；絮团强度的强弱次序依次为桥联作用形成的絮团强度、电荷中和作用形成的絮团强度，以及网捕作用形成的絮团强度。

湛含辉等[68]在总结国内外以分形理论为手段研究絮体形成过程的基础上，提出絮体的分形维数值接近3，絮体的形状就越接近密实球体，最后所得到的混凝沉降效果就越好。他还结合混合剪切过程，提出分形维数评判混凝过程的物理模型。

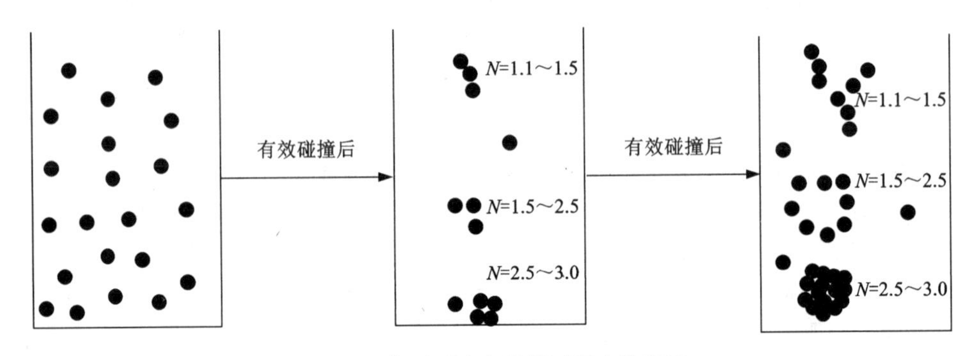

图 1-3　分形理论在混凝过程中的应用

分形理论在混凝过程中的应用见图 1-3。该模型从混凝过程形成的絮体结构入手，借助絮体的分形维数值，定量地说明了絮体的形态结构对混凝沉降效果的影响。当絮体的形态结构类似线状或者杆状时，絮体的分形维数值接近 1.1～1.5；当絮体的形态结构近似于面状时，絮体的分形维数值在 1.5 至 3.0 之间；当絮体的形态结构接近于球状时，絮体的分形维数值在 2.5 至 3.0 之间。利用絮体的分形维数对混凝过程进行研究，打破了传统混凝研究中以絮体的平均沉降速度、沉后水浊度等间接参数作为评判混凝效果的束缚，更能直接反映混凝机理。在凝聚-絮凝阶段，主要是小絮体在合适的水力紊动下凝聚成大的絮体，大絮体对小絮体及悬浮颗粒进行包裹，从而形成具有较高分形维数值的大且密实的包裹体，混凝沉降过程的包裹机理如图 1-4 所示[69-70]。

该模型指出：在混凝过程的混合阶段，要形成足够数量且具有合适大小分形维数的包裹体；随后的凝聚-絮凝阶段，完成了初级包裹体对颗粒的包裹和高级包裹体对低级包裹体的包裹，最终形成具有较大分形维数值的大絮体。

综上所述，国内外学者关于絮团特性的研究内容主要有絮团的结构、分形维数、粒度、沉降速度、密度、强度与恢复能力等方面。研究方法主要以图像分析法为主，另外还有光散射法和摄像跟踪法。分析过程中所选的指标也各不相同。

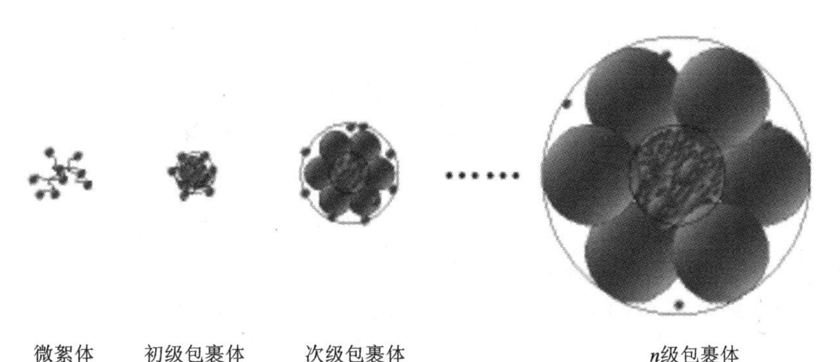

图1-4 混凝过程中的絮团包裹成长机理

他们共同发展和完善絮凝领域的研究，使得絮凝动力学和絮团特性的研究成为前沿热点。

1.3.3 絮团结构对煤泥固液分离的影响

在选煤工艺中湿法选煤占有很大的比例，因此煤炭洗选过程中会有大量的煤泥水产生，若不能妥善处理并循环利用，不仅将会对环境产生严重的污染，也会对宝贵的水资源造成严重的浪费。添加药剂可以改变煤泥水体系中絮团结构特性、调控固-液、固-固表面作用，改善悬浮液黏度、固液分离效果及滤饼结构，进一步使滤饼渗透性增加，强化细粒煤脱水，降低滤饼水分。在综合考虑选煤工艺的基础上，通过煤泥水综合治理管控循环水系统，实现洗水的闭路循环，对于绿色选煤至关重要。

D Tao[71]对真空过滤过程中真空度及药剂添加制度等多种因素对真空过滤动力学的影响进行研究，利用Darcy定律综合计算了滤饼渗透率、滤饼过滤阻力以及过滤介质阻力等动力学数据，并据此建立了动力学模型，并且利用阴离子型絮凝剂和阳离子型絮凝剂显著提高了滤饼的渗透性，降低滤饼比阻和过滤介质阻力。D Tao[72]还进行了絮凝剂对细粒煤过滤速度及脱水效果的试验研究，比较了阴离子絮凝剂和阳离子絮凝剂对细粒煤脱水的实际效果，发现在很多情况下，阴离子絮凝剂要比阳离子絮凝剂具有更好的脱水效果。

Bimal P Singh等[73]认为疏水作用和静电作用导致了吸附反应的发生，通过对细粒煤助滤的PAAA共聚物研究，发现了在不同pH下助滤剂对细粒煤的脱水效果没有太大的影响，但是随着助滤剂用量的逐渐增加，滤饼水分会呈现先减后增的趋势。并讨论了阴离子及阳离子表面活性剂在细粒煤表面的吸附情况及作用机理，结果表明表面活性剂是通过静电作用与煤表面互相吸附，降低表面张力，改变煤表面的亲疏水性。

陈建中等[74]采用自制实验室加压过滤系统，对细粒浮选精煤加压过滤深度脱水进行了试验研究。考察了絮凝剂类型、剂量、空气压力和通气时间等因素对脱水过程的影响，发现絮凝剂能够明显缩短过滤的穿透时间，且空气压力越大，滤饼孔隙度越小。但是，滤饼孔隙度小到一定程度后，若需进一步缩小就需要更大的压力，单一通过增加空气压力来降低滤饼水分是不合理的。

夏畅斌[75]利用新型阴离子型的羧甲钠改性田菁胶对细粒煤和超细粒煤脱水的实验研究表明，该类药剂对细粒煤脱水具有良好的效果。另外，株洲选煤厂还在浮选精煤中加入了表面活性剂十二烷基磺酸钠(SDS)以及十二烷基溴化钠(DAB)，现场检验过滤后滤饼水分含量也明显降低。新型聚丙烯酰胺铁絮凝剂(PF)的研究验证了这类絮凝剂在煤泥水处理中的絮凝助滤性能，并分析其絮凝助滤机理。试验证明与目前选煤厂广泛使用的聚丙烯酰胺相比，PF能够对高浊度、高色度煤泥水起到很好的絮凝处理效果，而且产生的污泥体积小，脱水性能也较好。

江在成[76]等人在细黏物料的分离实验中，运用分步加料代替了传统料浆过滤时所采用的一次加药方式，即所谓的浓差过滤，运用这一新技术，由于浓浆中的粗颗粒较多，所以先加入浓浆后，形成的滤饼结构更加疏松，此时的过滤性能也更加良好，之后加入的稀浆，在已有的结构疏松的滤饼层基础上再进行过滤，过滤效率会更高。这打破了传统过滤中细黏滤饼的形成规律，从根本上使料浆的过滤性能得到改善，过滤强度显著提高，过滤阻力明显减小，改善了细黏料浆的过滤效果。

石常省[77]等人分析了在压滤过程中絮凝剂所起的作用，并且通过对比使用助滤剂前后的压滤效果可知，往细粒级物料中加入一定量的絮凝剂，可以在不改动现有设备和工艺流程的情况下，改善过滤效果，减少滤饼的水分，同时絮凝剂的添加，在一定程度上可以提高设备的处理能力，但在这个过程中，需要根据具体的物料性质来选择合适的助滤剂以及合理的加药顺序。

由此可知，絮凝是煤泥水处理常见的方法，加入聚丙烯酰胺后，固体颗粒在絮凝剂的吸附和聚合作用下逐渐形成絮团网状结构，不仅可以提高煤泥水的沉降速度，同时可以提高过滤效率。

1.4 煤泥水絮凝沉降动力学研究

凝聚一般通过双电层之间的压缩而形成，絮凝是由于网捕卷扫作用转变成大的聚集体而形成的。所有的絮凝沉降都离不开絮体的生长，絮体不断变大会达到一个临界尺寸，形成动态平衡。当水中的电解质对于胶体双电层所起的作用，足以使胶体颗粒之间相互碰撞，也就是说当微粒之间的相互吸引力足以克服彼此间的斥力和扩散能量时，胶体颗粒将黏合在一起，出现絮凝过程。随着这种絮凝过程的进行，原来以胶体形式存在的颗粒将越来越少，逐渐演变成越来越大的絮团。当颗粒大到布朗运动不足以克服沉降作用时，颗粒将失去相互碰撞的推动力，此时絮团难以继续生长。如果采用适当的搅拌作用，则可以将这些大颗粒在搅拌力的作用下继续相碰，进一步长大，演变为宏观尺寸的絮凝体，直到絮凝体粒度不能承受搅拌所产生的剪切力为止。其中研究水中胶体在絮凝过程中的颗粒浓度随时间变化的过程称为絮凝动力学[78]。

剪切紊动较弱时，絮团呈现增长趋势，絮团尺寸增大，内部逐渐松散，絮团强度减小；当剪切速率增大时，对絮团造成剪切破坏，絮团粒径减小，强度增大。由于絮团极易破碎，如何确保提取絮团样品观测时不会对絮团产生扰动而破坏絮团结构就显得十分重要。目前已有的絮团取样技术大致可分为：①移液管提取絮团样品；②注射器抽絮团样品；③蠕动泵抽取絮团样品。Spicer 等[79]比较了这几种取样技术，发现对絮凝体采用连续循环的蠕动泵返回测量相对来说是最佳的技术，并且容易实现连续在线监测。

激光粒子速度场仪(PIV)可以用于整个流场的速度矢量测量，测量时在流动介质中加入示踪粒子可以通过示踪粒子的速度矢量来显示整个流场的流动。PIV系统主要由三部分组成，激光发生部分(电源、激光发生器、同步器)，图像获取部分(CCD 数码相机)，后期处理部分。具体的工作流程大致如下：① 按给定的时间间隔触发两束激光，激光束经球面镜和柱面镜调整为片光源后照亮待测断面中的粒子。② 照相机在激光照亮断面同时进行拍摄记录下这两帧图像并传输给计算机。③ 对这两帧图像进行处理计算，得到图像中粒子的位移，最后给出被测断面流场矢量图。为了精确控制激光触发时间与相机拍摄时间的同步性，激光发生器和数码相机由同步器统一控制。金文[80]等人利用 PIV 对长江口水库泥沙水样进行沉降速度场测量，得到了样品的平均沉降速度，并分析了含沙量、絮凝等因素对泥沙沉降的影响。试验发现，利用 PIV 直接测量泥沙沉速是一种可行的、有效的试验方法。Smith 和 Friedrich[81]利用 PIV 粒子测速仪通过对沉降柱中的颗粒进行测试，得到颗粒的尺寸分布和速度。

粒子跟踪测速(PTV) 算法是在一定短的时间间隔内通过获取连续两帧粒子图像，以计算图像中各粒子与其配对粒子的形心坐标来得到粒子的运动位移，具有无扰、瞬态、全场速度测量等特点，已经被广泛用来研究湍流和多相流。PTV算法的关键问题是对两帧图像中的粒子进行正确配对，常见的 3 种配对算法，分别是 PCSS 算法[82]、利用示踪粒子群体特征运动的 PTV 算法和基于粒径配对度和形变配对度的 PTV 算法。邵建斌[83]等人通过比较 3 种算法的配对结果，将基于群体运动特征的 PTV 算法和 4 帧法相结合，降低了误匹配率，并针对气泡的合并、破裂等特殊情况，引入粒径配对度，实现了气泡的有效跟踪。由长福[84]等采用先进的高速摄像技术获取流动的连续图像，采用 PTV 技术对循环流化床顶部颗粒稀疏流动区域进行了测量，对所获取的图像进行颗粒配对处理，从而得到流场中运动颗粒的速度信息。

钟润生[85]利用改进的粒子图像测速技术对铝盐絮体的生长-破碎-再生长过程中絮体结构变化特征进行了研究，结果表明絮团在生长阶段的分形结构可以分为两个层次：一是生长前期的分形维数为 1.60 左右；二是生长稳定期的分形维数为 1.80 左右，并且随着添加腐殖酸浓度的增加，生长稳定阶段絮体的分形维数减小，使得再生长絮体分形维数跟腐殖酸浓度密切相关。

唐海香[86]认为颗粒在水中的接触碰撞是由异向絮凝、同向絮凝和差速沉降絮凝产生的，因此流体的动力学因素对煤泥水的絮凝沉降具有重要作用。张明青[87]研究了絮凝剂添加量对煤泥水絮凝效果和分形维数的影响，结果表明絮体分形维数随絮凝剂添加量的增加先变大后变小，原因在于絮凝剂用量不足，絮凝体为絮团和自由体，絮体粒径较小，随着用量的增加，絮体结构变得密实，孔隙率减小，当絮凝剂超过最佳用量后，结构上未饱和的支链相互排斥、拥挤而向空间伸展，导致絮凝体孔隙率增大，分形维数降低，同时在胶体颗粒周围形成水化外壳，恶化颗粒的絮凝沉降效果；武若冰[88]在对絮体性能及其工艺调控的研究与进展中发现逐步增强水力剪切条件有利于改善絮体的结构和强度。

絮体破碎后再絮凝能力有限，通过破碎时再次投加混凝剂可以提高絮体的再絮凝能力，提高絮体平均粒径以及降低剩余浊度。随着摄影技术的进步及图像处理技术的发展，人们对混凝过程的研究，不再是把它当作一个“黑箱”来处理，为得到混凝剂的投加和最终的水处理效果，可以用高像素照相机对反应器内的絮体不断的拍照来追踪反应过程，结合图像分析手段，获取絮体粒径等参数，将微观的絮体形态参数与宏观的絮凝效果结合起来分析，更能反映出整个絮凝动态过程对絮凝效果的影响[89-90]。现在有很多学者对絮团体破碎对重新再次絮凝能力的影响进行了研究，大部分学者得出絮团体破碎后不可逆。Yukselen 等[91]学者试验证明絮团体在搅拌作用下破碎后粒径变小，再次凝聚后上清液浊度发生变化，增加破碎的时间发现其强度发生变化，表明絮团体再次絮凝能力有限，过程具有不可逆性。Solomentseva 等学者研究发现将破碎、絮凝两个过程多次反复，实验最终得出其破碎后再次絮凝的粒径比破碎前的尺寸要小[92]。Hermawan 得出了相似的结论，用硫酸铝做混凝剂时，絮团体破碎后其难以恢复原貌，即絮团的破碎过程具有不可逆性[93]。Barbot 等人在实验中发现絮凝剂添加氯化铁时，絮团强度变小，抗剪切能力减小，当改变电解质时絮团的抗剪切能力变强，其恢复能力变弱，导致这两种状态下的絮团均不可恢复，该剪切破碎具有不可逆性[94]。Richard 等研究表明剪切破坏对絮团具有双重效果，低速剪切对絮团生长具有促进作用，高速剪切反而有破坏作用[95]。

此外还有众多学者研究得出絮团破碎再次絮凝是可逆的，叶建等人通过实验研究发现破碎前与破碎后再次絮凝的絮团，恢复因子达到117%[96]。张忠国等人将絮凝过程分为四个阶段，研究发现在稳定区絮团破碎后可以再次絮凝生长，能达到破碎前的状态[97]。盛楠的研究表明在较低投药量下，电性中和机理起主要作用，絮体破碎后能够完全恢复，在投药量较高时，网捕卷扫机理起主要作用，破碎后的絮体不能完全恢复，对于破碎后的絮体，投加聚丙烯酰胺，可以提高絮体的再絮凝能力[98]。俞文正研究表明使用硫酸铝为凝聚剂得到的高岭土絮团在电中和条件下破碎后可完全恢复，并且与破碎强度无关；而在网捕卷扫条件下，破碎后的絮团只能部分恢复[99]。姚婧博对腐殖酸絮体进行破碎再絮凝研究，发现当硫酸铝加入6 min后再加入聚丙烯酰胺时，形成的絮团抗破碎能力和再絮凝能力显著增加，且随着聚丙烯酰胺用量的增加而提高[100]。

煤泥絮团结构对自身沉降有着显著的影响，宋帅[101]针对煤泥水处理过程中存在水流剪切造成絮团结构不一导致沉降效果不佳等问题，探讨了机械剪切对不同分子量絮凝剂所形成的絮团结构的影响和絮凝剂结构的影响。通过PIV粒子测速仪对絮团的跟踪拍摄和分光光度计对上清液的测量，研究机械剪切对絮团结构特性、上清液粒度含量分布及透射比的影响，利用旋转黏度计和扫描电镜(SEM)研究了机械剪切对絮凝剂黏度大小和分子链结构的影响。研究结果表明，机械剪切强度的提高可以降低药剂黏度，使得药剂分子链发生断裂，改变了药剂间作用力，降低药剂吸附性能，减小了网捕作用，影响药剂作用效果。

综上所述，合适的絮凝剂在煤泥水沉降过程中可以形成均匀稳定的疏松絮凝体，并在一定的水力条件下可以快速进行固体浓缩，从而利于后续脱水作业的进行，因此基于煤泥的粒度特性及矿物质成分研究煤泥水的絮凝沉降特性在煤泥的脱水环节至关重要。

1.5 煤泥水处理技术应用

在选煤工艺中湿法选煤占有很大的比例。重介浅槽、跳汰分选、细粒煤浮选以及煤泥回收作业中都是以水作为介质的，而大部分用水都要经过处理之后在整个生产系统中循环使用。当前，我国的选煤技术水平完全能够为选煤厂生产提供完善可靠的工艺和设备。选煤厂常见的煤泥水系统包括以下环节：煤泥分选—尾矿浓缩—煤泥压滤。在这一体系中，任何环节对于实现选煤厂闭路循环都至关重要。

目前，世界产煤大国如美国、俄罗斯、澳大利亚、南非、英国、德国等都基本实现了煤泥水的零排放，分离得到的煤泥也基本可以实现合理利用。这些国家的原煤煤质总体较好，分选设备工艺先进，产生的煤泥水适当处理之后即可满足选煤的要求。

长期以来，我国一直从多方面致力于煤泥水澄清研究。但大量生产实践表明：对于泥化严重的难处理煤泥水，依然达不到煤泥水澄清、清水循环的标准。工艺流程越来越复杂，但煤泥水依然不澄清，其原因在于煤泥水中含有大量的黏土类微细颗粒矿物，如高岭石、白云石、伊利石和蒙脱石等，而这些黏土颗粒表面基本上荷负电，微细颗粒间相互排斥，难以聚集沉降[102-109]。因此，在当前煤炭市场竞争日益激烈的大环境下，降低生产成本提高产品质量显得尤为重要。

郭世名在研究中发现洗煤厂在运行的过程中，会出现大量细粒煤的聚集现象，使得不易沉降，无法保证生产的顺利进行，通过采用合适的凝聚剂、絮凝剂等来作用于煤泥水，保证脱水的顺利进行[110]。

Chai[111]等人在其综述中将常见的工业水处理方法总结为直接絮凝和凝聚-絮凝两种方式，直接絮凝为使用单独的阴离子或阳离子高分子聚合物即可获得满足工业生产需求的处理效果，比如水产养殖废水(阳离子聚合物)，煤浆/油砂水(阴离子聚合物)，造纸业废水(阳离子聚合物)。凝聚-絮凝方法为金属盐和非离子或阴离子高分子聚合物联合使用的方法，在陶瓷工业/颜料加工厂/咖啡制造/屠宰厂等废水处理中较为常见。凝聚-絮凝方法通过添加无机盐降低颗粒间斥力，使颗粒容易形成小絮团，但无机盐作用下，絮团粒度有限，再加入高分子药剂可以进一步使小絮团迅速生长为大絮团，这种方法优点是适用范围广，沉降速度快，除浊效果好，缺点是流程相对复杂，成本较高。直接絮凝方法优点是单独使用高分子药剂即可获得较佳的处理效果，流程简单，成本较低，缺点是对水质有一定要求，往往除浊效率不如凝集-絮凝方法，运行较长时间后容易造成细泥积聚。在实际工业生产中，可以根据具体情况在两种方法中选择。

Ciftci 等人[112]研究了 7 家公司供应的阴离子高分子药剂对土耳其选煤厂煤浆的絮凝效果，发现这些药剂均可产生较好的絮凝效果，随着 pH 的升高，药剂作用后的沉降速度提高，但煤浆浊度增加，10℃ 和 40℃ 时的药剂效果均弱于 25℃ 时的。Duzyol 等[113]研究表明 pH 约为 8 时阴离子和非离子型聚丙烯酰胺作用后的煤浆浊度较低，350 r/min 时浊度较低。Sonmez 等人[114]研究发现碱性条件(pH=9.8)和适量钙离子浓度下，阴离子聚丙烯的作用效果达到最好。Kim 等[115]研究了商业阴离子聚丙烯酰胺对印度选煤厂煤浆的效果，发现在不添加高分子药剂和添加高分子药剂两种情况下，煤浆的沉降速度均是在 pH=8~9 时达到最大，过高或过低的 pH 条件均不利于煤浆沉降。Sabah 等[116]实验了不同离子类型聚丙烯酰胺对土耳其选煤厂煤浆的絮凝效果，发现达到最大沉降速度时，不同类型药剂的消耗量由少到多为：中等电荷量阴离子聚丙烯酰胺，低电荷量阴离子聚丙烯酰胺，非离子聚丙烯酰胺，阳离子聚丙烯酰胺，中等电荷量的阴离子聚丙烯酰胺在沉降速度方面拥有最高效率，但在上清液澄清度方面，中等电荷量的阴离子聚丙烯酰胺的效果不如其余三种药剂。每种药剂作用的最佳 pH 均为 8.3 左右，这与煤浆的自然 pH 接近，过高或过低的 pH 均会导致药剂作用效果降低。Sabah 等[117]研究了混合使用高分子药剂对煤浆絮凝效果的影响，发现50%阴离子+50%非离子，50%阳离子+50%非离子或50%阴离子+50%阳离子作用后的煤浆浊度均低于单独使用阴离子聚丙烯的情况，但单独使用阴离子下的沉降速度却远高于混合药剂下的。Alam 等人[118]研究了阴离子聚丙烯酰胺和阳离子聚丙烯酰胺对澳大利亚煤浆的作用效果，结果表明阴离子聚丙烯酰胺产生的絮团粒度大，有利于提高滤饼的渗透性，脱水效果好，阳离子聚丙烯酰胺产生的絮团小，容易破裂，需要很高的药剂量才能表现出较佳的脱水效果。

第 2 章 粒度分布对煤泥沉降脱水效果的影响

煤泥的粒度特性是影响选煤沉降脱水工艺效果的关键。近年来煤泥粒度逐渐变细，这些颗粒比表面积大、表面带有一定的负电荷，在风化氧化作用下，颗粒表面疏水性极差，水化膜厚度增加，沉降过程极为缓慢。过滤脱水过程中，这些细颗粒易穿透滤布，导致加压过滤机的压力较低，滤饼水分急速上升，处理量大幅下降，同时滤液中微细颗粒返回浓缩机后造成“细泥积聚”，使得煤泥悬浮液黏度增加，沉降脱水困难，甚至影响产品质量和选煤厂生产处理能力。

2.1 理论研究基础

固液分离过程中，颗粒的沉降速度、床层可渗透性(过滤比阻)等性质是由颗粒的粒度分布、几何形状、密度以及表面性质等和液体的黏度、密度以及悬浮液的浓度和流动状态决定的。滤饼中水分的赋存状态有自由水、毛细管水和结合水 3 种，脱除顺序为先易后难、由表及里。通过煤颗粒与水分本身的密度差异可以用浓缩沉降方法实现固体颗粒浓度的增大，利用压力差迫使固体物料中毛细水分从颗粒中分离出来。因此从颗粒粒度方面来说，粒度越细，毛细管水分含量越高，水分的脱除就越困难[119]。表 2-1 为矿物加工过程中的粒度分类。

表 2-1 矿物加工过程中的粒度分类

粒限/μm	+500	500~100~75	75~10	10~1~0.1	-0.1
粒级	粗粒	中细粒	细粒	亚超细粒	超细粒
矿物加工深度	传统破碎磨矿与矿物解离			矿物粒度深加工	
	破碎	粗磨	细磨	超细粉碎	胶体级微粉碎

2.1.1　沉降理论

影响悬浮颗粒沉降特性的主要因素有粒度、形状、密度、矿物学和化学性质等。颗粒在浆体中下沉受到重力、浮力和阻力的作用，对于给定颗粒浆体，重力和浮力都是恒定的，而阻力随颗粒与矿浆间的相对运动速度变化而改变。以牛顿第二定律为基础可以得到，球形颗粒的阻力系数与雷诺数 Re 存在一定函数关系，在滞流区、过渡区和湍流区内光滑球体的自由沉降速度为[120-125]：

滞流区　$10^{-4}<Re<1$，$\xi=\dfrac{24}{Re}$

$$V_t=\frac{d^2(\rho_s-\rho_l)g}{18\mu} \tag{2-1}$$

过渡区　$1<Re<10^3$，$\xi=\dfrac{18.5}{Re^{0.6}}$

$$V_t=0.27\sqrt{\frac{d(\rho_s-\rho_l)g}{\rho_l}Re^{0.6}} \tag{2-2}$$

湍流区　$10^3<Re<2\times10^5$，$\xi=0.44$

$$V_t=1.74\sqrt{\frac{d(\rho_s-\rho_l)g}{\rho_l}} \tag{2-3}$$

式中：V_t——球形颗粒自由沉降速度，m/s；

d——颗粒直径，m；

ρ_s——颗粒密度，kg/m^3；

ρ_l——流体密度，kg/m^3；

g——重力加速度，m/s^2；

ξ——阻力系数，无因次，与雷诺数有关；

μ——流体的黏度，Pa · s。

由于细粒煤颗粒构成的浆体是一种悬浮液，沉降过程流体中伴随湍流发生，小颗粒有被沉降较快的大颗粒向下拖拽的趋势，所以一般都是干扰沉降，其中小颗粒受干扰较大。

2.1.2　过滤理论

使悬浮液通过截留颗粒的可渗透性介质而实现的固液分离过程称为过滤，过滤中的阻力不仅与过滤介质的孔隙形状、大小、材质、表面粗糙度等因素有关，而且在很大程度上也与滤布表面逐渐形成的滤饼层的阻力大小有关，滤饼层的阻力又与料浆的性质颗粒尺寸、颗粒形状、滤饼中颗粒的堆积效果、孔隙率、孔径和孔道的弯曲情况等有关。

滤饼过滤可看作是液体通过滤饼层的渗透过程，达西(Darcy)[126]渗流经验公式是描述这一过程的基本方程之一。

$$u=\frac{\mathrm{d}V}{\mathrm{d}t}\frac{1}{A}=K\frac{\Delta p}{\mu L} \tag{2-4}$$

其中：u——液体通过滤饼的平均线速度，m/s；

A——过滤面积，m^2；

t——过滤时间，s；

L——滤饼的厚度，m；

K——滤层的渗透性系数，m^2；

Δp——滤饼两侧的压差，Pa；

μ——滤液的黏度，Pa。

由于滤饼层厚度 L 和滤层渗透性系数 K 实质上是以阻力形式影响过滤过程的，因此

$$u=\frac{\Delta p}{\mu R}=\frac{\Delta p}{\mu(R_m+R_c)} \tag{2-5}$$

式中：R——滤层阻力，其值为 L/K，1/m；

R_m，R_c——过滤介质阻力和滤饼阻力，1/m。

影响滤饼阻力的因素很多，对于不可压缩滤饼，滤饼阻力通常与过滤介质表面沉积的固体物料量呈线性关系，可用下式表示：

$$R_c=a_m w \tag{2-6}$$

式中：a_m——滤饼的质量比阻，m/kg；

w——单位面积介质上沉积的滤饼质量，kg/m^2。

于是，鲁思(Ruth)过滤方程为

$$u=\frac{\mathrm{d}V}{\mathrm{d}t}\frac{1}{A}=\frac{\Delta p}{\mu(a_m w+R_m)} \tag{2-7}$$

其中

$$w=L_k\rho_s(1-\varepsilon)$$

式中：ε——滤饼孔隙率；

ρ_s——固体密度，kg/m^3；

L_k——滤饼厚度，m。

Ruth 方程滤饼比阻直接反映了过滤的难易程度。科泽尼(Kozeny)和卡曼(Carman)[127]利用流体穿过毛细管的泊肃叶(Poiseuille)定律，研究澄清液通过填充床的规律时，假定粉末填充的孔隙空间为一束平行的、有共同当量半径的毛细管，该当量半径用填充床孔隙的水力半径来表示，即为 Kozeny- Carman：

$$u=\frac{\varepsilon^{3}}{K_{1}(1-\varepsilon)^{2}S_{0}^{2}}\cdot\frac{\Delta p}{\mu L_{k}}\tag{2-8}$$

式中：ε——填充床层的孔隙率；

L_k——填充床的厚度，m；

S_0——颗粒的比表面积，m^2/m^3；

K_1——科泽尼常数，计算时一般取 $K_1=5$。

物料粒度对过滤速度的影响是多方面的，最主要的是通过影响滤饼的孔隙状态来影响过滤过程。就等径球体，无论哪种排列方式孔隙率均与圆球的半径无关，而不同半径的球群体的最终孔隙率则极大程度取决于不同球径的比例[128]。显然，由于小径球填充于大径球孔隙中间，减少了球群体的孔隙率，因此，宽级别沉积物的孔隙率必小于窄级别沉积物的孔隙率。图 2-1 为粒度大小对孔隙率的影响。

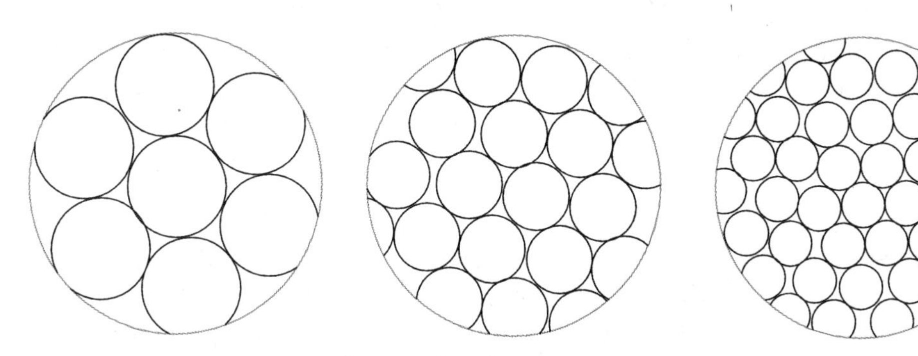

图 2-1　粒度大小对孔隙率的影响

2.1.3　滤饼沉积理论

张荣曾提出了关于紧密堆积的最新理论。假设自然堆积的煤泥颗粒大小和形成的孔隙大小之比等于筛比 B，那么就可以将物料按筛比划分成为若干个等级，在连续分布的系列物料中，若第 $i+2$ 级中所有颗粒的大小均小于第 i 级的孔隙尺寸，若第 $i+2$ 级中颗粒的体积又正好等于第 i 级的孔隙体积，这样的粒度组成可达到最紧密堆积[129]。张荣曾采用解析法对 Gaudin 以及 Alfred 方程中的模数 n 及孔隙率 ε 建立如下的关系式：

$$n=\ln\frac{1}{\varepsilon}/(2\ln B)\tag{2-9}$$

式中：n——Gaudin 和 Alfred 方程的模数；

ε——颗粒体的孔隙率；

B——筛比。

即当粒度组成分布参数 n 满足该关系式时，有最大堆积率。实践表明单一粒径颗粒不能达到紧密堆积，多尺寸颗粒(组分颗粒尺寸相差 4~5 倍)堆积的紧密度更高，而且适当增大临界颗粒尺寸以使各组分颗粒尺寸相差变大更容易实现紧密堆积[130]。

影响颗粒堆积的因素包括容器大小、颗粒形状、粒度大小和物料的含水量。就物料粒度而言，颗粒的粒度越小，由于颗粒之间存在的团聚作用，孔隙率就会越大，但是这与理想状态下颗粒尺寸与孔隙率无关的学说相互矛盾，究其原因主要在于颗粒之间接触处的凝聚力与粒径大小关系并不是不大，反之与颗粒质量有关的力却会随粒径三次方的比例急剧增加，因此按照以上分析，随着颗粒直径的增大，与粒子自身的重力相比，其凝聚力的作用完全可以忽略不计，粒径变化对堆积率的影响大大减小。所以在细粒体系中，粒径大于或小于临界粒径的那部分物料，对颗粒体的运动行为都十分重要。此外物料堆积的填充速度也很重要，对粗颗粒，较高的填充速度会导致物料有较小的松散密度，但对于具有凝聚力的细粉，降低供料速度使得堆积松散。另外，潮湿物料由于颗粒表面存在吸附水，在颗粒之间还会形成液桥力，从而导致颗粒间附着力的增大，进而形成二次、三次团聚粒子。由于团聚尺寸远比一次粒子的大，同时团聚体内部保持着较为松散的结构，使得整个物料的堆积率相应地下降。

本章通过对不同粒级煤样进行过滤脱水试验，分析不同粒级细粒煤脱水的相关特性，针对真空过滤脱水过程中颗粒的粒度级配不同而产生的均匀度差异对过滤速度、滤饼水分及过滤比阻的影响规律进行研究分析，探索细颗粒煤泥在介质表面的沉积及其相对应的多孔介质的形成规律。

2.2 不同粒度级颗粒沉降特性研究

将不同粒度级煤样配制成 1.5 g/L 浓度的煤浆，在激光照射下获得不同沉降时间的粒子图像及速度矢量图，按照沉降时间先后顺序排列，可以清晰地观察到不同大小颗粒的沉降规律，见图 2-2。图像中的每一个沉降瞬间都有与之对应的速度矢量图，见图 2-3。

由图 2-2 (a)- (e)可以清晰地看出，相同质量浓度，随着颗粒粒度的减小，颗粒数量迅速增加，并在煤泥水中呈均匀分布状态。当粒度大于 0.045 mm 时，颗粒可以在煤泥水中快速沉降；当煤泥粒度小于 0.045 mm 时，则在系统中稳定存在。通过对未分级的原煤样进行测试发现，原煤样的沉降性质同-0.045 mm 级一致。

通过 PIV 系统的 Flow Manager 软件对图片进行 Masking、Image Processing、Image Conversion、PIV Signal 和 Statistics 等处理后，得到不同粒度级煤泥水的沉降速度矢量图，见图 2-3。

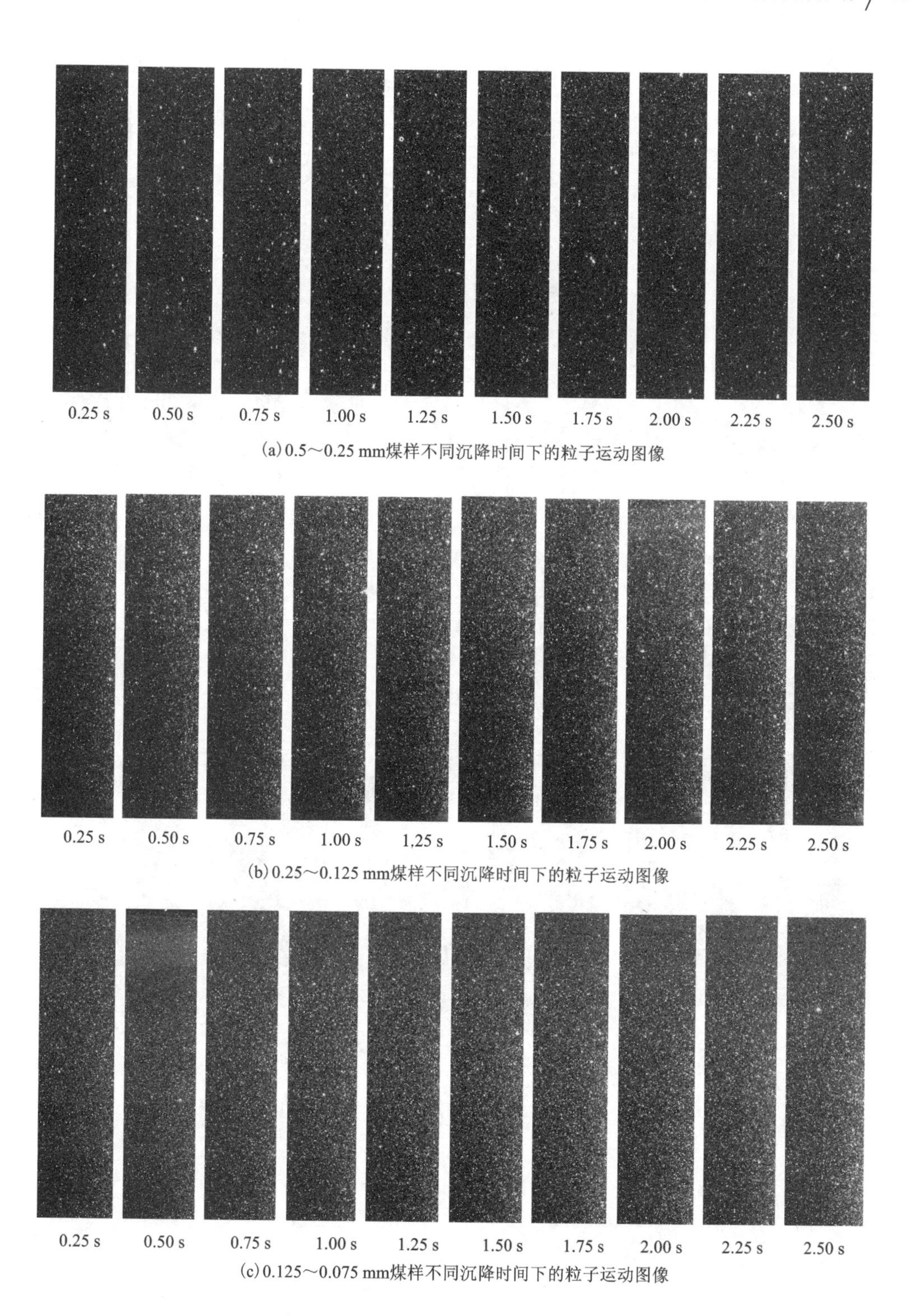

(a) 0.5～0.25 mm煤样不同沉降时间下的粒子运动图像

(b) 0.25～0.125 mm煤样不同沉降时间下的粒子运动图像

(c) 0.125～0.075 mm煤样不同沉降时间下的粒子运动图像

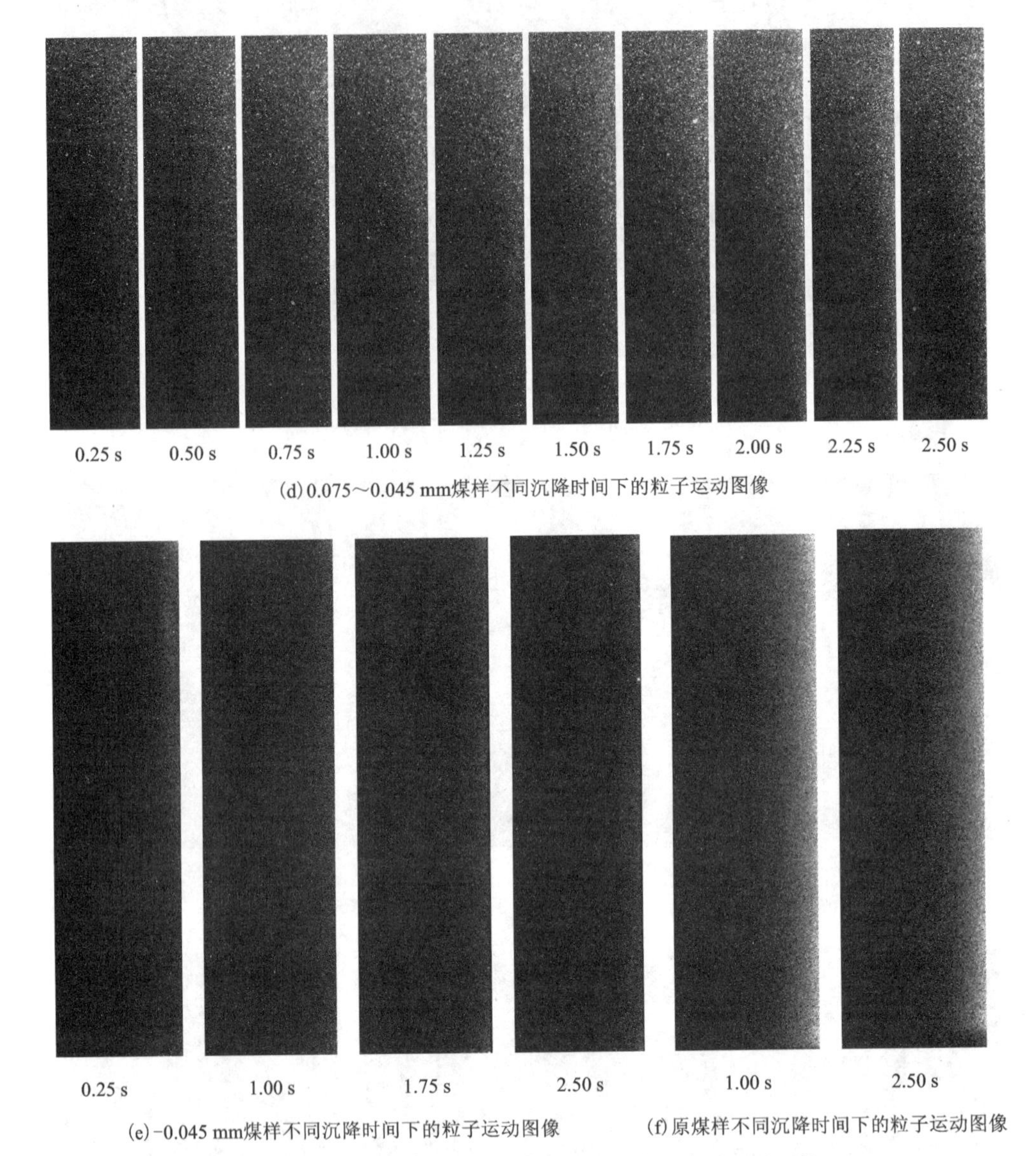

(d) 0.075～0.045 mm煤样不同沉降时间下的粒子运动图像

(e) -0.045 mm煤样不同沉降时间下的粒子运动图像　　(f) 原煤样不同沉降时间下的粒子运动图像

图 2-2　不同粒度级煤样自由沉降过程中粒子的运动图像

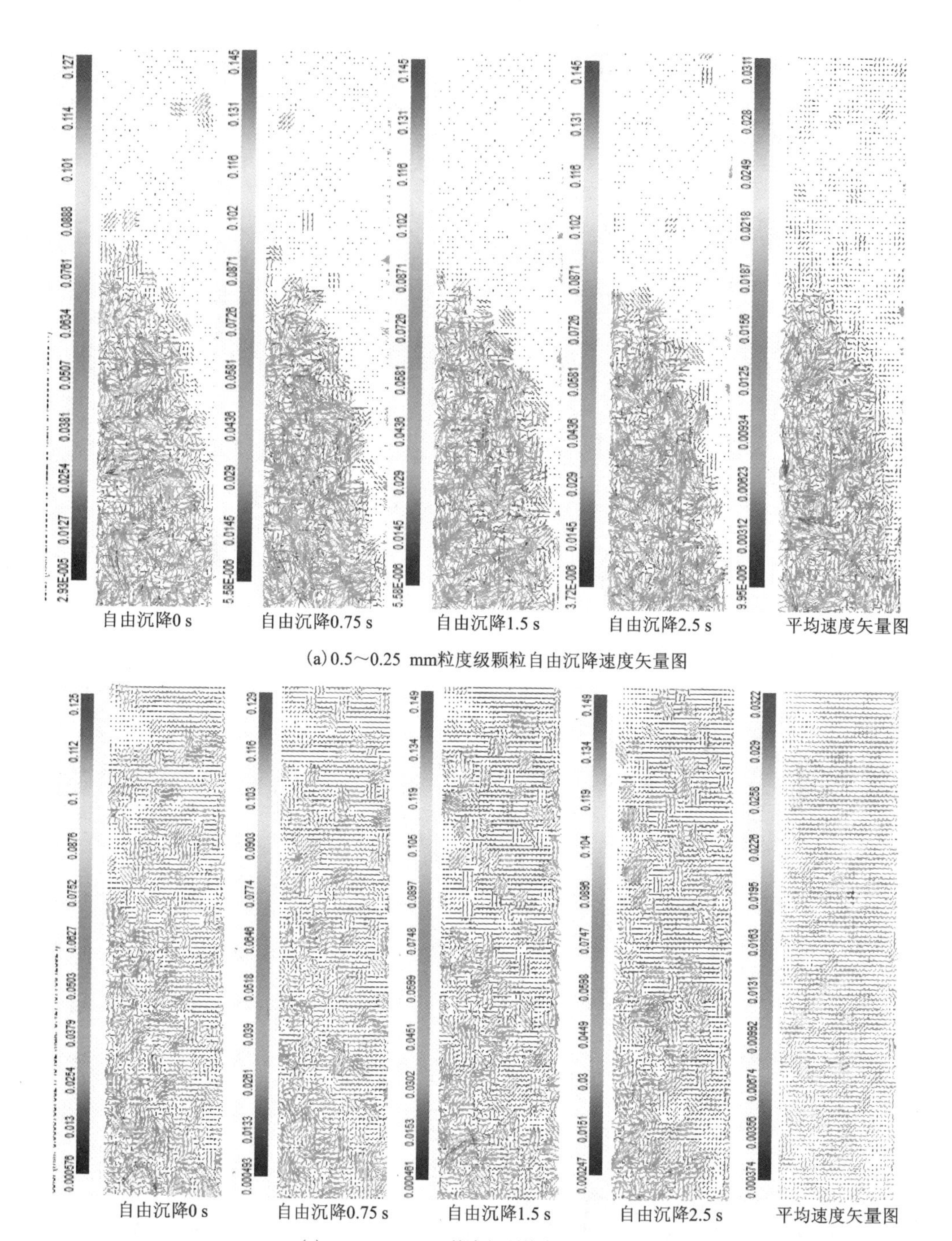

(a) 0.5～0.25 mm粒度级颗粒自由沉降速度矢量图

(b) 0.25～0.125 mm粒度级颗粒自由沉降速度矢量图

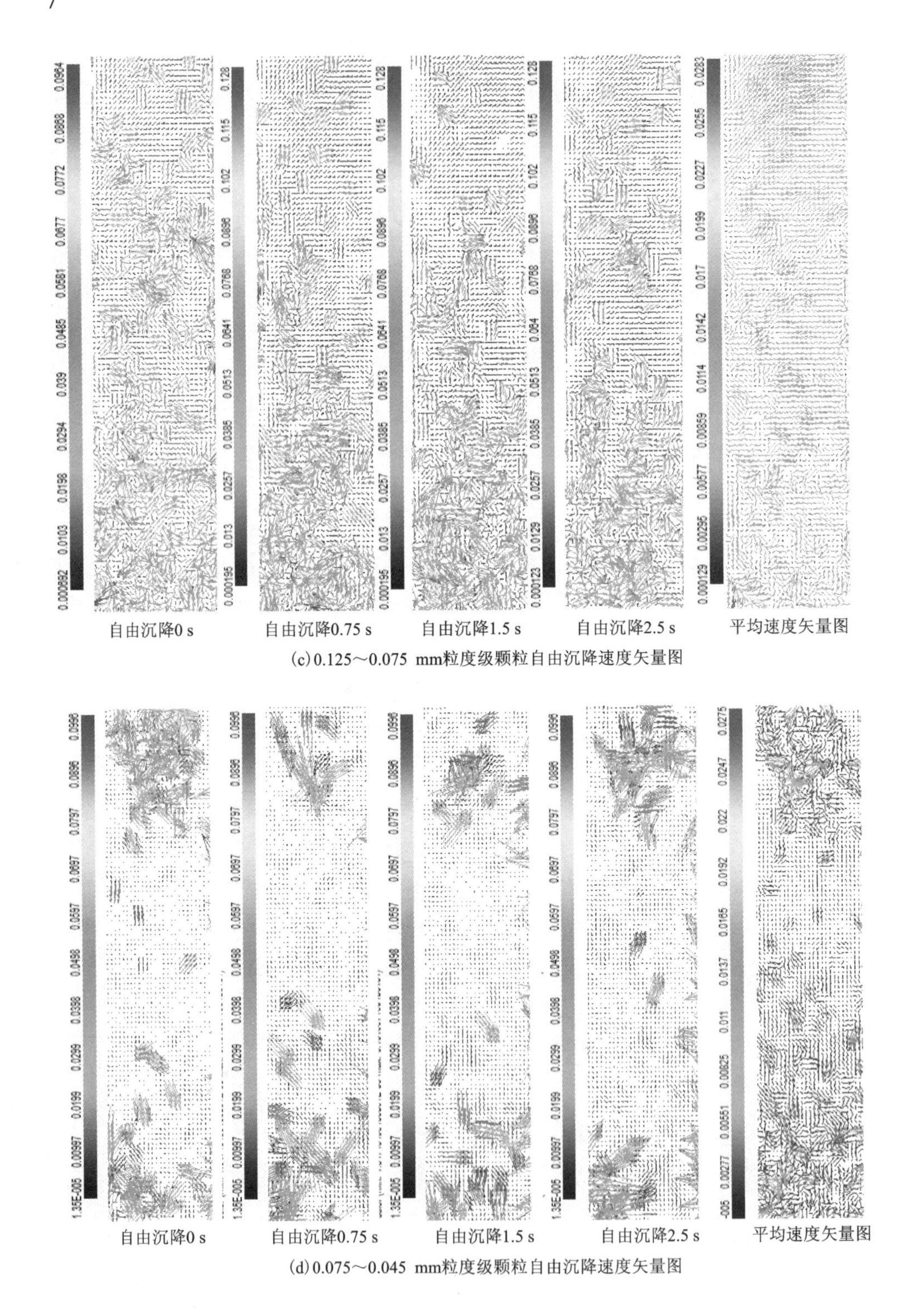

(c) 0.125～0.075 mm粒度级颗粒自由沉降速度矢量图

(d) 0.075～0.045 mm粒度级颗粒自由沉降速度矢量图

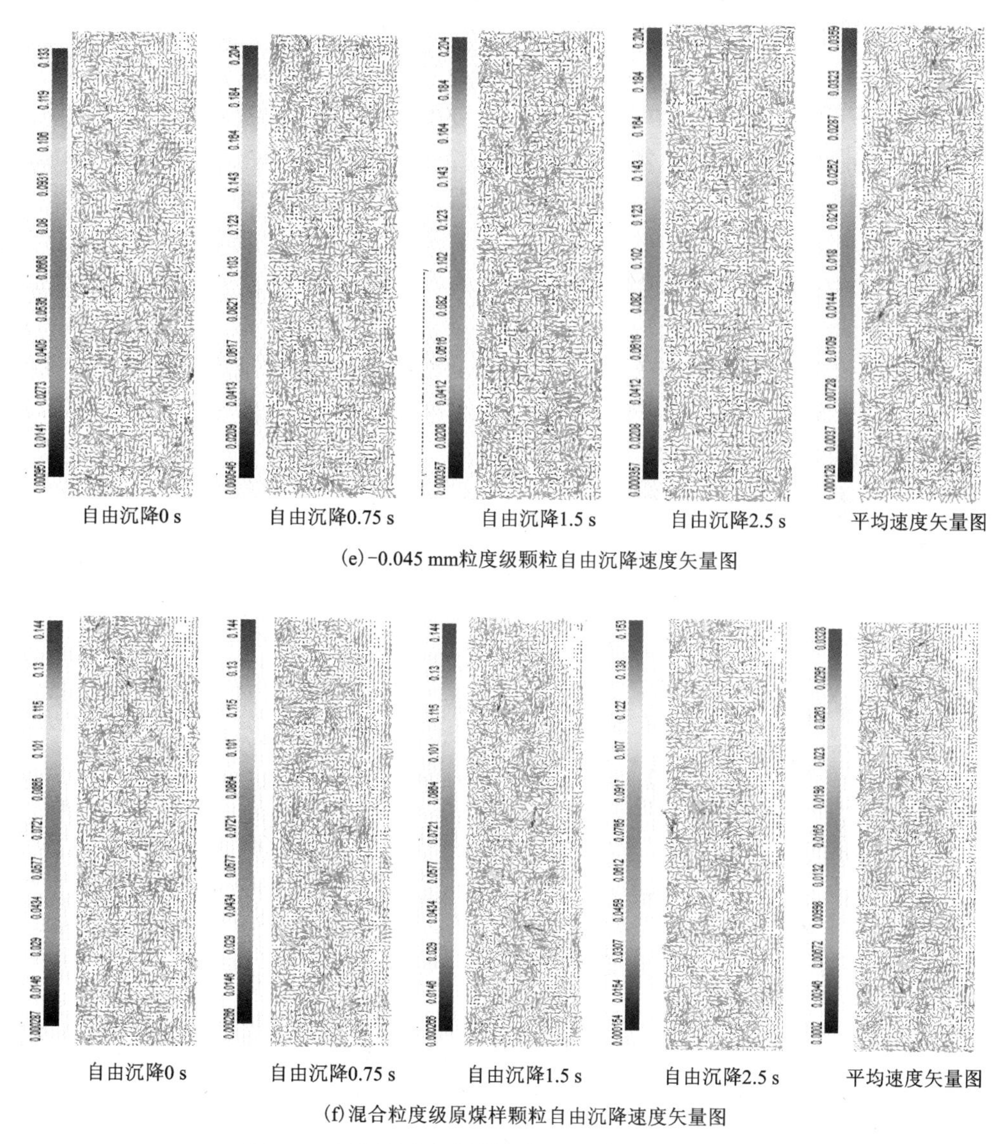

(e) -0.045 mm粒度级颗粒自由沉降速度矢量图

(f) 混合粒度级原煤样颗粒自由沉降速度矢量图

图 2-3　不同粒度级煤样颗粒自由沉降速度矢量图

由图 2-3 可以看出，以煤泥颗粒作为示踪粒子可以获得清晰的速度矢量场，对比(a)~(e)可以看出，自然沉降条件下，大粒度级颗粒获得的速度场比小粒度级的点状矢量要少，0.5~0.25 mm 粒度级颗粒的沉降速度为 0.0334~0.0587 m/s，0.25~0.125mm 粒度级颗粒的沉降速度为 0.0195~0.0228 m/s，0.125~0.075mm 粒度级颗粒的沉降速度为 0.00859~0.0114 m/s，0.075~0.045 mm 粒度级颗粒的沉降速度为0.00277~0.00551 m/s，-0.045 mm粒度级颗粒则保持稳定的悬浮状态，颗粒运动杂乱无章。根据斯托克斯公式，粒度为0.5 mm、0.25 mm、0.125 mm、0.075 mm和0.045 mm级颗粒在滞流区的临界沉降速度分别为0.0474 m/s、0.01189 m/s、0.00296 m/s、0.00107 m/s和0.000384 m/s，由此可以看出，+0.045 mm颗粒的实际沉降速度均高于计算速度，因此并非处于滞流区，颗粒可以自然沉降。-0.045 mm粒子的最小沉降速度为0.000128 m/s，可以计算出该粒度的临界粒度为0.0260 mm，即粒子直径低于0.026 mm时颗粒处于稳定悬浮状态，且由于粒度越细，煤浆体系的流体黏度会有所增加，因而会导致临界粒度值增大。

将相同浓度的煤泥水放在沉降管中进行自然沉降，60 s后抽取中心位置的上清液进行浊度测定，试验结果见图2-4。由此可以看出，-0.045 mm级是导致煤泥水难以沉降的主要原因。

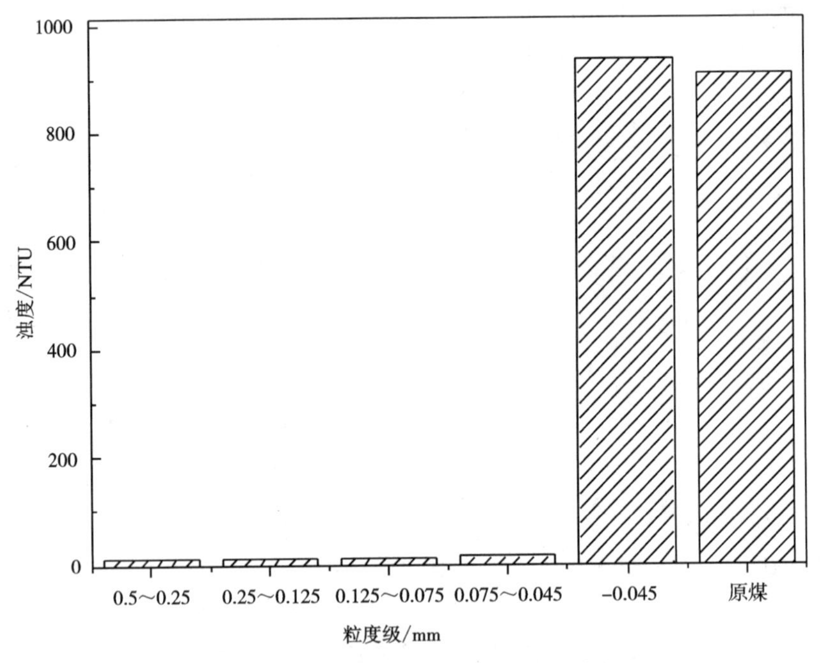

图2-4 不同粒度级煤样自然沉降浊度变化图

2.3　颗粒均匀度对脱水效果的影响

将筛分后的 0.5～0.25 mm、0.25～0.125 mm、0.125～0.075 mm、0.074～0.045 mm 及-0.045 mm 5 个粒度级煤样，按等质量比例进行掺合配制成不同均匀度的 B 系列煤样，进行煤浆的脱水试验测试，该样品的粒度组成及对应灰分见表 2-2。颗粒的均匀度 φ 按式(2-10)计算获得。

$$\varphi=\sqrt{d_{75}/d_{25}} \tag{2-10}$$

式中：d_{25}——负累计含量为 25%时的最大颗粒直径；

d_{75}——负累计含量为 75%时的最大颗粒直径。

表 2-2　不同均匀度煤样的配制方案

粒径/mm	B_1		B_2		B_3		B_4		B_5	
	产率/%	灰分/%	产率/%	灰分/%	产率/%	灰分/%	产率/%	灰分/%	产率/%	灰分/%
0.5～0.25	20.00	21.32	33.33	21.32	33.33	21.32	—	—	—	—
0.25～0.125	20.00	26.47	—	—	33.33	26.47	33.33	26.47	—	—
0.125～0.075	20.00	22.91	33.33	22.91	33.33	22.91	33.33	22.91	33.33	22.91
0.075～0.045	20.00	19.38	—	—	—	—	33.33	19.38	33.33	19.38
<0.045	20.00	32.15	33.33	32.15	—	—	—		33.33	32.15
合计	100	24.45	100.00	25.46	100.00	23.57	100.00	22.92	100.00	24.81
均匀度 φ	2.0770		3.1375		1.5390		1.5111		1.5231	

2.3.1　粒度对煤浆脱水效果的影响

将不同粒度级的煤样用去离子水配制成 200 g/L 浓度的煤浆，对其过滤特性进行测定，所得试验结果见图 2-5。随着颗粒直径的减小，煤浆的过滤速度逐渐下降，滤饼水分和过滤比阻逐渐升高，其中-0.045 mm 粒度级变化最为明显，过滤速度比最大粒度级颗粒减小了 5 mL/(s·cm^2)，滤饼水分高达 31.29%，过滤比阻急速升高。

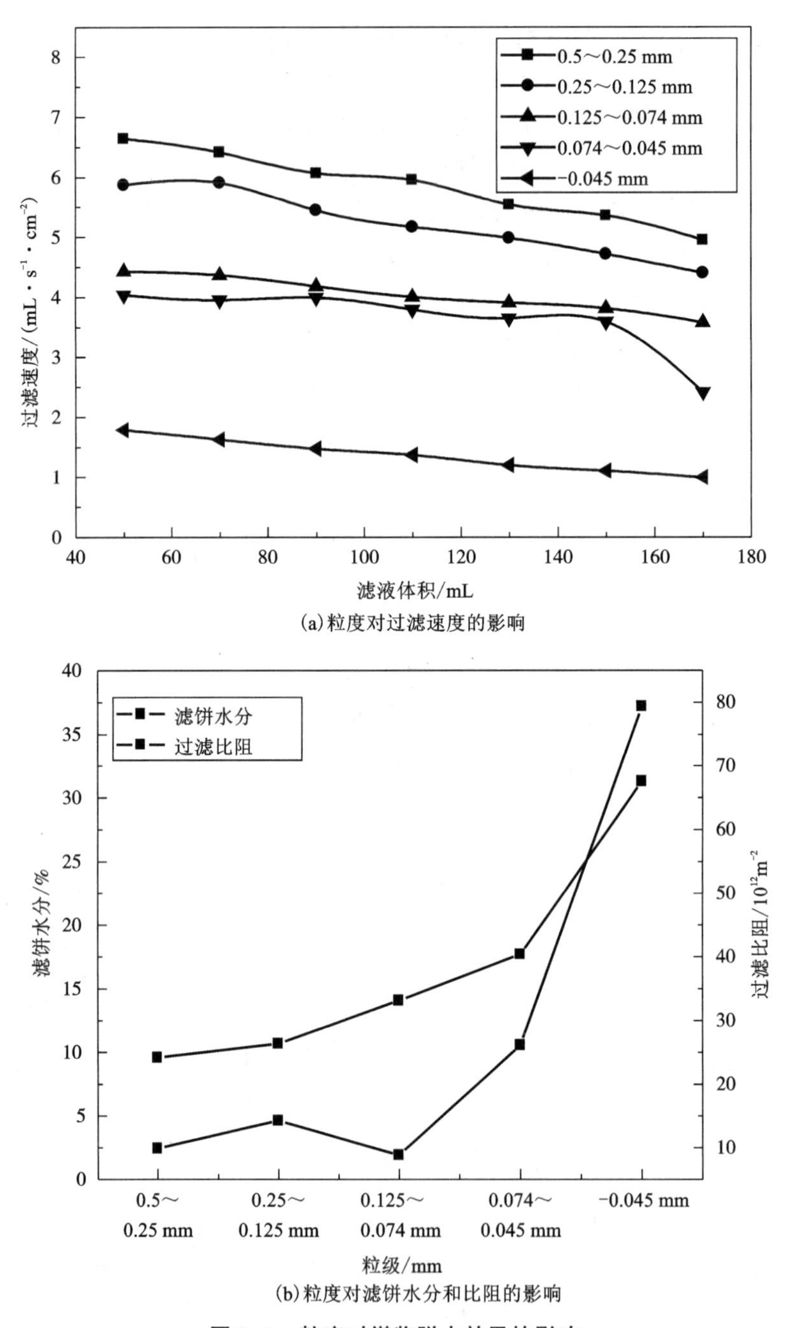

(a)粒度对过滤速度的影响

(b)粒度对滤饼水分和比阻的影响

图 2-5　粒度对煤浆脱水效果的影响

采用激光粒度仪、微电泳仪和微量热仪对不同粒级样品进行电动电位、零电点及润湿热测定，结果见表2-3、图2-6。由表2-3可以看出，-0.045 mm级煤样的均匀度和表面润湿热最大，所形成滤饼的孔隙率最低。假设最紧密堆积，一定空间V内被直径为d的等径球体填充满，则孔隙率$\varepsilon=\frac{A-\frac{1}{6}\pi d^3}{A}=1-kd^3$，其中$k=\frac{\pi}{6A}$，因此当直径下降1/2，孔隙度将会减小至原来的1/8。就孔隙度而言，-0.045 mm粒度级颗粒将会比其他颗粒脱水困难，同时由于矿物质的解离，该粒级样品的润湿性、电动电位都发生了较大的变化，因此导致该粒度级煤样的脱水效果急剧变差。

表2-3　不同粒级煤样性质测试结果

粒径/mm	原煤样	0.5~0.25	0.25~0.125	0.125~0.075	0.075~0.045	-0.045
均匀度φ	2.2524	1.3553	1.1990	1.2834	1.0871	1.8397
Zeta电位/mV	-36.95	-45.29	-38.29	-39.28	-37.26	-41.93
等电点	2.35	2.51	2.25	2.49	2.39	2.48
润湿热/($J\cdot g^{-1}$)	-1.306	-1.029	-1.030	-1.029	-1.036	-1.315
孔隙率/%	40.02	46.19	48.89	47.32	46.89	38.08

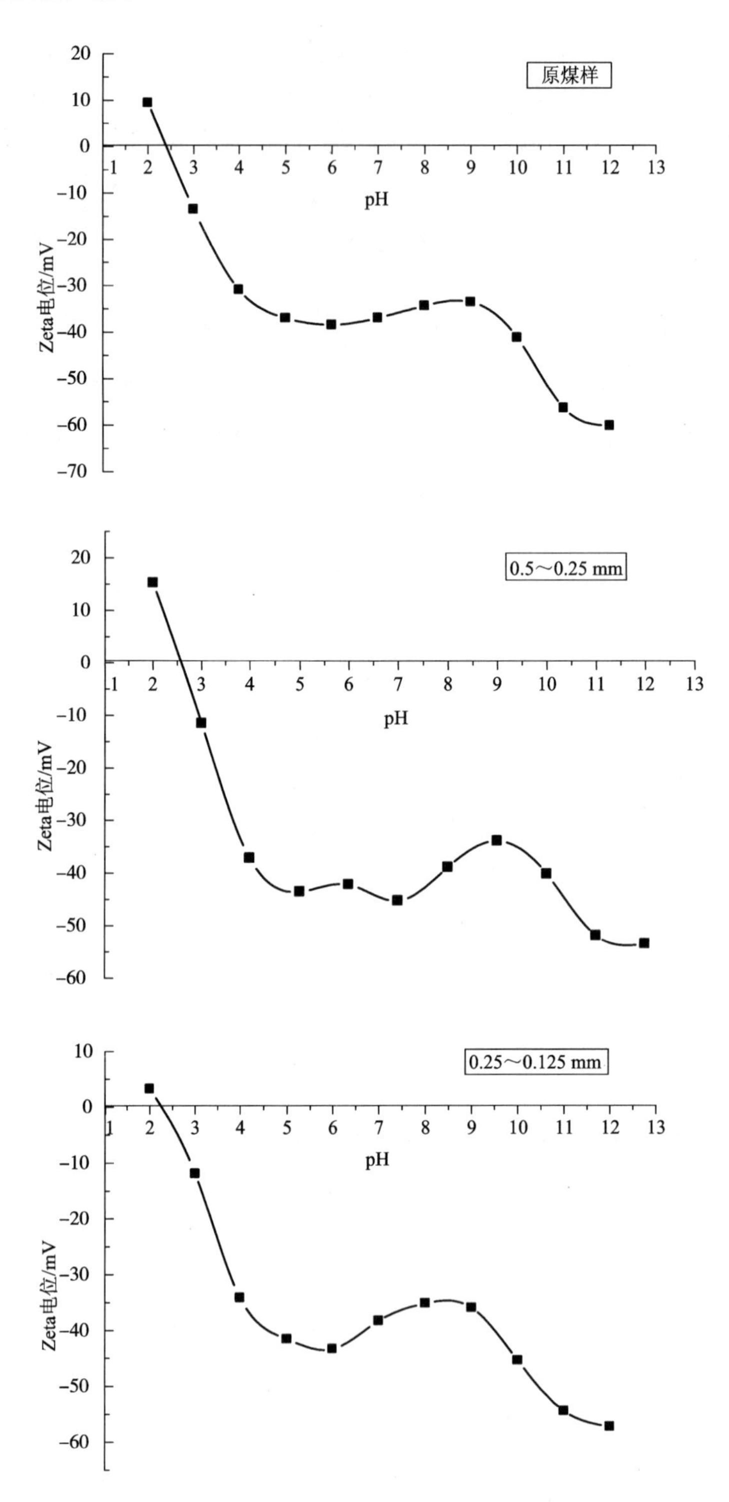

原煤样
0.5～0.25 mm
0.25～0.125 mm
Zeta电位/mV
pH
20
10
0
-10
-20
-30
-40
-50
-60
-70
1
2
3
4
5
6
7
8
9
10
11
12
13

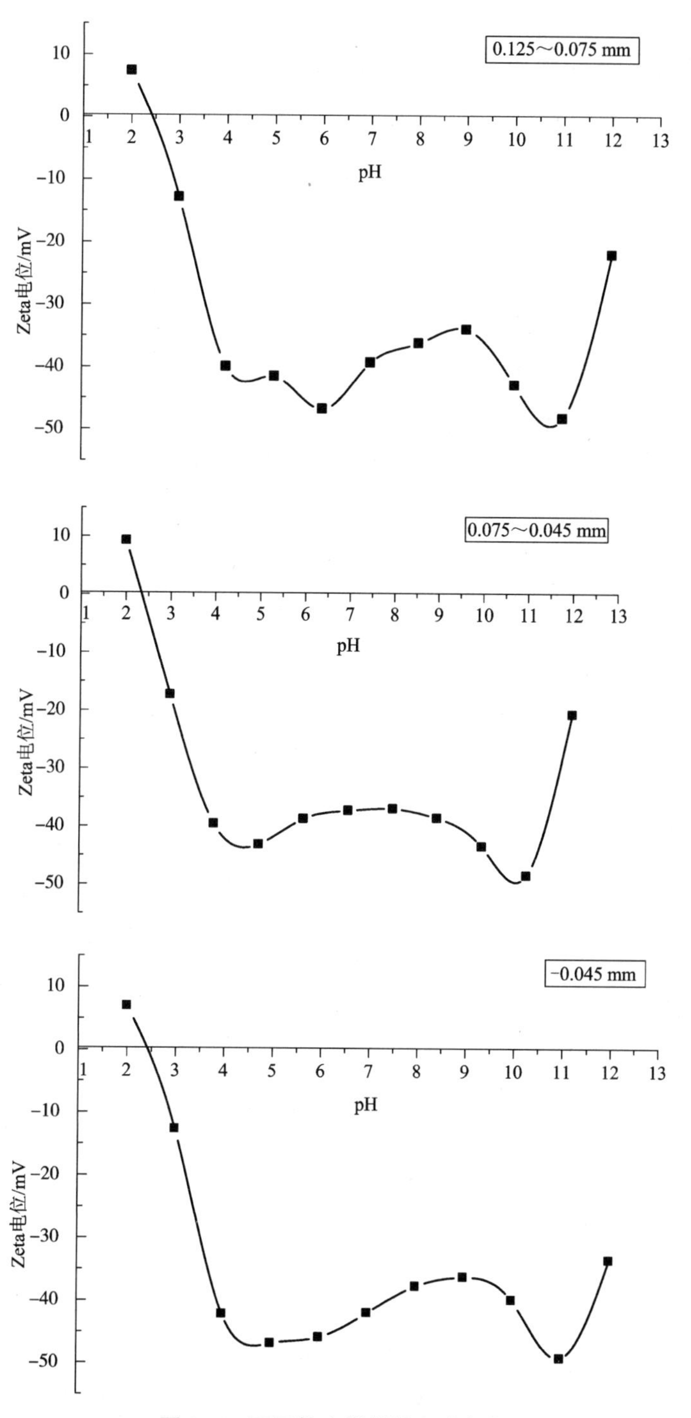

图 2-6　不同粒度煤样的电动电位

2.3.2 粒度级配对脱水效果的影响

将各粒度级按表 2-2 等质量配制成不同均匀度的样品，进行脱水试验。由表 2-4 可以看出，B_3、B_4、B_5 样品的均匀度相差不大，含有-0.045 mm 粒级的样品中，均匀度由大到小为 B_2，B_1，B_5。

由图 2-7 和表 2-4 可以看出，均匀度最大的 B_2 煤样过滤速度最小，滤饼水分最高，为 42.07%；B_3、B_4、B_5 煤样均匀度相差不大，滤饼的过滤速度随着粒度的减小而减小，滤饼水分则相反，随着粒度的减小而逐渐增加。原因在于粒度粗，颗粒直径大，单位体积内的表面积小，表面能低，毛细管水分和薄膜水分相对少；粒度细，颗粒直径小，表面积大，表面能高，毛细管水分和薄膜水分相对增多，相同条件时单位质量的煤样，颗粒细的滤饼水分远高于颗粒粗的滤饼水分；含有-0.045 mm 粒级的样品中，均匀度由大到小为 B_2，B_1，B_5，主要原因在于-0.045 mm 的微细颗粒极大恶化了煤浆的过滤性质，导致 B_1、B_2、B_5 样品较低的过滤速度和较大的滤饼水分含量。

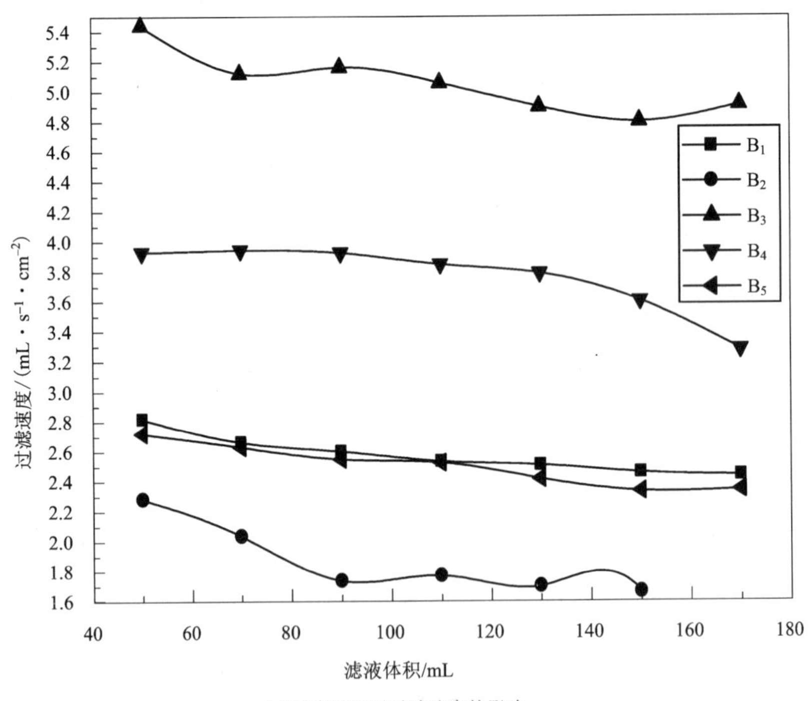

(a) 粒度级配对过滤速度的影响

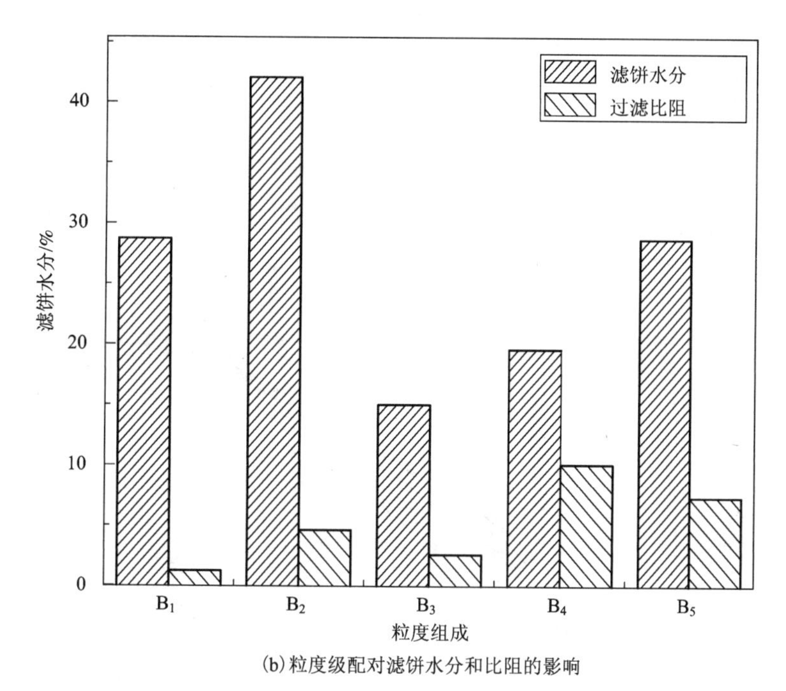

(b) 粒度级配对滤饼水分和比阻的影响

图 2-7　粒度级配对煤浆脱水效果的影响

表 2-4　不同均匀度煤样性质测试结果

粒径/mm	B_1	B_2	B_3	B_4	B_5
均匀度 φ	2.0770	3.1375	1.5390	1.5111	1.5231
滤饼孔隙率 ε/%	43.00	35.98	50.39	52.07	43.76

2.4　滤饼形成过程中的粒度分布

过滤时，悬浮液中固液相均在重力、压力(真空度引起的吸力)及由液相黏性引起的剪切力作用下向过滤介质表面运动。颗粒在运动着的流体中沉降时要受到流体的压力、阻力、浮力、曳力及加速度作用力等的作用。通常在这些力的综合作用下，粗颗粒迅速在介质表面上沉积形成滤饼，细颗粒逐渐沉积其上，但在加速度和动能的作用下，细颗粒也可能透过由粗颗粒形成的较大的孔隙钻到下层。由这种滤饼所构成的多孔介质不仅是动态增长的，而且颗粒也非静止，并具有动能，每个颗粒在沉积到滤饼上时均将其动能转变为压能，给予已形成的滤饼以压力，并有一定的钻隙能力。由此形成的多孔介质结构(孔隙率和孔隙大小)是动态和不均匀的。

本试验将原煤样配制成 200 g/L 的煤浆，当滤液达到 20 mL、40 mL、60 mL、80 mL、100 mL、120 mL、140 mL、160 mL 后停止过滤，将漏斗中未成饼的煤浆吸出，将滤饼置于 108℃恒温干燥箱中干燥 3 h，测滤饼的水分，并将滤饼按相同厚度横剖成上中下三层进行粒度分析，用以讨论滤饼形成过程中的粒度沉积规律，所获结果见图 2-8。

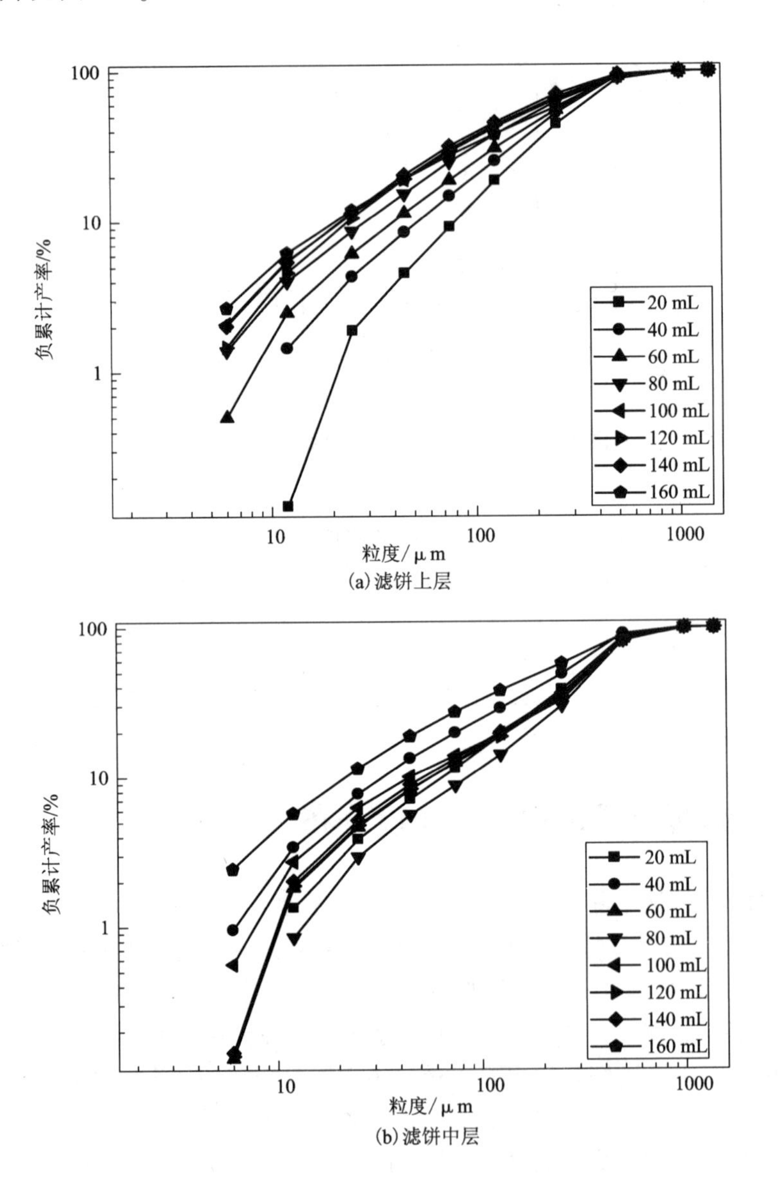

(a) 滤饼上层

(b) 滤饼中层

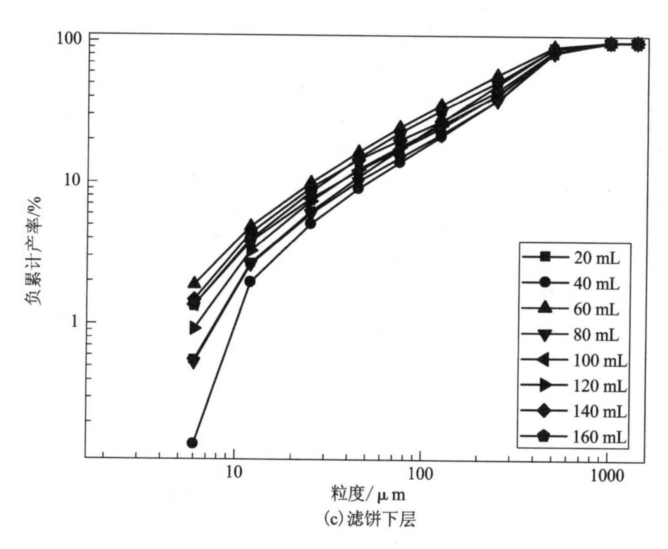

(c)滤饼下层

图 2-8　滤饼上、中、下层颗粒的粒度组成

经拟合发现各煤样各层滤饼的粒度与负累计产率均符合一元三次函数

$$r=aD^3+bD^2+cD+d \tag{2-11}$$

式中：D——滤饼中的某个粒度，μm；

r——滤饼中该粒度级的累计产率，%。

由此可以看出，相同滤液体积(即相同过滤时间下)，方程中的 a、b、c、d 为定值，即方程式已知，则随着粒度的减小，滤饼质量急剧减少。通过激光粒度仪对不同脱水时间下各滤饼不同层的粒度组成分析，中间粒级 D_{50} 如表 2-5、图 2-9 所示，滤饼的质量变化如图 2-10 所示。

表 2-5　脱水时间对滤饼质量和粒度组成的影响

抽出滤液 /mL	脱水时间 /s	滤饼平均质量 /g	平均水分 /%	上层 D_{50} /μm	中层 D_{50} /μm	下层 D_{50} /μm
20	7.99	14.18	39.84	279.0	315.8	252.8
40	13.86	20.48	41.57	239.2	328.7	313.5
60	21.21	23.52	40.26	221.6	331.7	354.8
80	31.81	25.61	41.71	183.7	369.1	327.6
100	36.80	20.78	41.73	164.4	359.6	295.5
120	40.45	23.81	41.62	154.7	337.1	302.1
140	45.90	22.18	42.45	145.1	333.6	283.4
160	67.45	27.81	41.95	198.3	200.7	238.8

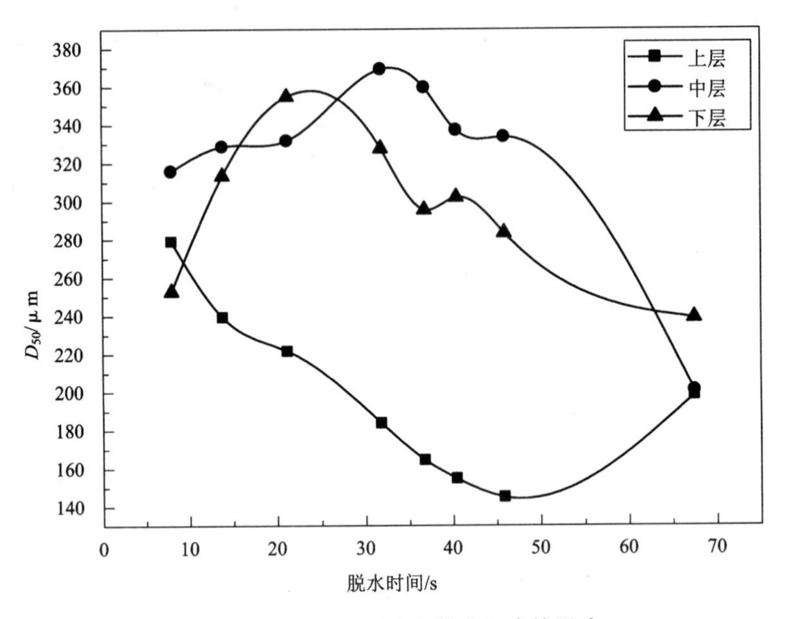

图 2-9 脱水时间对滤饼粒度组成的影响

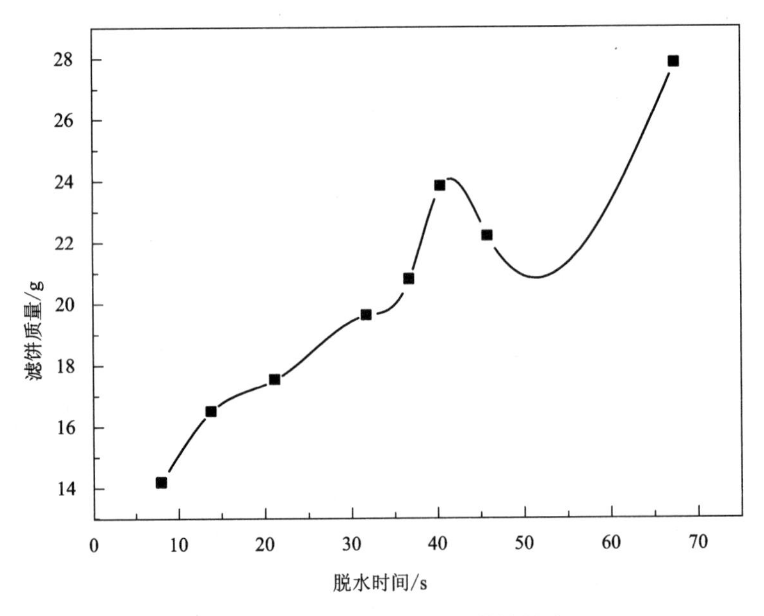

图 2-10 脱水时间对滤饼质量的影响

原煤 $d_{50}=170.8\ \mu m$，随着过滤时间的增加，滤饼下层的颗粒粒度呈先增大后减小的趋势，而上层颗粒先减小后增大的趋势不太明显，原因在于过滤初期，介质附近的煤浆呈均一混合状态，由于近距离导致某些小颗粒先于远距离的大颗粒而沉积到过滤介质表面，随着过滤的加深，这种距离影响逐渐减弱，颗粒按由大到小顺序沉积，造成了滤饼底层颗粒粒度逐渐增大，而表层则是逐渐减小，随着过滤的加深，滤饼中的小颗粒钻隙明显，导致滤饼底层细粒级逐渐增多，因此粒度越来越小，而上层的粒度也逐渐减小。但是滤饼下层的粒度始终高于表层的粒度尺寸，所以在滤饼形成的过程中，颗粒的粒度分布起着决定性作用。经统计，拟合出过滤时间与滤饼质量的函数关系为：

$$y=0.0002x^3-0.0308x^2+1.3565x+5.9040 \qquad (2-12)$$

式中：y——滤饼质量，g；

　　x——过滤时间，s。

方程式的相关性 $R^2=0.9602$。

将不同粒度级的颗粒的中值直径设为平均直径，通过煤泥水沉降特性与脱水效果的耦合作用看出，煤泥水的沉降速度随粒度的减小而减小，上清液浊度随粒度的降低迅速升高，而滤饼水分和过滤时间则随粒度的降低呈幂函数增长趋势。将 4 个函数进行拟合对比(见图 2-11)可以发现，当煤泥颗粒小于 0.05 mm 时，煤泥的沉降脱水效果迅速变差。上清液的浊度的变化同滤饼的水分及过滤时间变化规律一致。当颗粒粒度变细后，上清液浊度首先出现明显恶化，其次是滤饼水分的增加，因此在实际应用中可以通过上清液的变化来调整药剂制度，从而更好地实现煤泥的沉降处理。

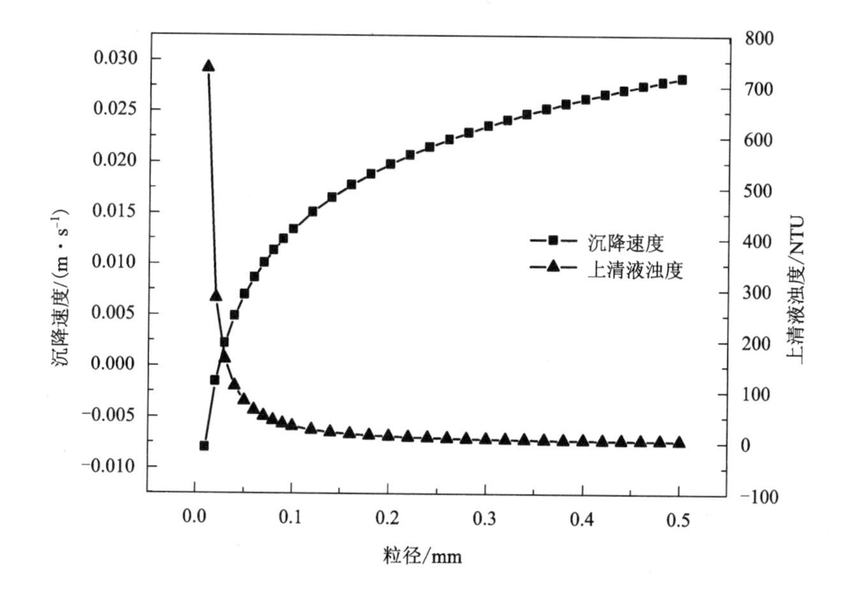

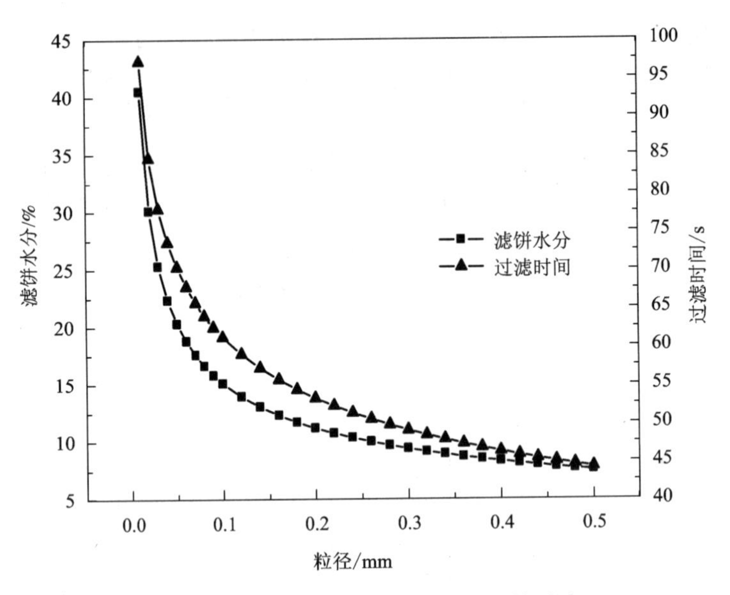

图 2-11　粒度组成对沉降脱水效果的影响

第 3 章　矿物组分对细粒煤泥沉降脱水效果的影响

煤泥水中的悬浮物主要是煤颗粒和与煤伴生或共生的矿物颗粒，如石英、黄铁矿、方解石、盐类矿物和黏土矿物等，其中黏土矿物的主要组成为硅氧四面体和铝氧(氢氧)八面体，其结构层一般是 1:1 和 2:1，多数都是结晶质的层状结构。这些黏土矿物遇水后具有强大的水化分散性和可塑性，具有较强的吸附性和离子交换性，可以在水中解离成超细级(微米级甚至纳米级)的单元晶层，在沉降和压滤工序中难以彻底去除，因此始终存在于系统循环水中，而它们在循环水中存在时间越长，煤泥水的泥化程度就越严重，最终恶化煤泥水系统颗粒的沉降环境，造成脱水困难。

3.1　矿物质的基本结构及特性

高岭石是由高岭土类矿物组成的一种重要的黏土，结构式为 $Al_2O_5 \cdot 2SiO_2 \cdot 2H_2O$，是 1:1 型层状八面体硅酸盐矿物[131]。高岭土层间由氢键和范德华力连接，单位构造高度为 0.713~0.715 nm，比表面积、孔隙率和吸附容量都不大，阳离子的交换容量只有 3~15 mmol。含高岭石的煤泥水中，高岭石颗粒之间总的作用势能为正值，颗粒之间相互排斥分散而不凝聚，煤颗粒之间以及煤与高岭石颗粒之间的总作用势能为负值，颗粒之间有更强的吸引能，所以煤颗粒之间更容易凝聚。煤与高岭石共存的煤泥水中首先是煤颗粒之间的凝聚，然后是煤与部分高岭石凝聚成大颗粒沉降，其余的高岭石颗粒则分散在悬浮液中，在高岭石和煤颗粒的沉降过程中没有明显的澄清液面，所形成的沉淀层颗粒堆积也较为密实[132]。

蒙脱石是一类典型的层状硅酸盐类黏土，基本结构单元是 1 个铝氧八面体夹在 2 个硅氧四面体中，每个结构单元厚 1 nm，长宽为几十到几百个纳米，片层结构[133]。蒙脱石颗粒在水中可溶胀、剥离成单元晶层。在水中存在分散、面—面结合、边—面结合、面—面和边—面结合的组合分散形式，这些分散形式均可以稳定存在于水中。蒙脱石晶层只靠分子间力结合，结合力弱，水分子易进入晶层，加上其比表面积大，阳离子交换容量高，属于极易水化分散矿物，也是这几种黏土矿物中最易水化的。蒙脱石与煤颗粒的沉降状态与单独的蒙脱石的沉降状态相同，沉降模式为煤颗粒被包裹或夹杂在蒙脱石整体网架结构中而呈整体压缩沉降，但沉降速度极慢。

石英是煤炭中含量较高的矿物，由于石英表面上的硅和氧与体相中的相比，所受化学力不平衡，通常通过化学吸附水分子形成表面羟基来补偿，表面羟基与水分子间的氢键导致了物理吸附水层的形成。不同矿物的泥化性能差别很大，在水中能显著泥化的矿物只有黏土，特别是蒙脱石，夹杂在煤层中的矸石不易泥化，来自煤矿顶底板的砂岩、页岩，由于黏土类矿物含量不同，在水中的泥化程度也各有差异。

3.2 矿物质基本性质分析

3.2.1 不同矿物质的粒度组成

由于样品颗粒较细，因此采用激光粒度仪的干法测试方法，测定样品的粒度组成，试验结果见表 3-1 和图 3-1。

表 3-1 矿物质组分粒度组成试验结果

粒级/μm	高岭石		蒙脱石		石英砂		煤层顶板		煤层底板	
	产率/%	累计产率/%	产率/%	累计产率/%	产率/%	累计产率/%	产率/%	累计产率/%	产率/%	累计产率/%
1400~1000	0.00	100.00	0.00	100.00	0.00	100.00	0.00	100.00	0.00	100.00
1000~500	0.00	100.00	0.00	100.00	0.00	100.00	0.00	100.00	0.00	100.00
500~250	0.00	100.00	0.00	100.00	0.00	100.00	0.00	100.00	0.00	100.00
250~125	0.00	100.00	0.00	100.00	1.81	100.00	0.87	100.00	0.95	100.00
125~75	0.00	100.00	0.48	100.00	5.92	98.19	2.58	99.13	3.41	99.05
75~45	2.05	99.65	6.01	99.52	11.23	92.27	4.97	96.55	7.71	95.64
45~6	32.78	97.60	21.03	93.51	41.49	81.04	41.57	91.58	47.25	87.93
-6	64.82	64.82	72.48	72.48	39.55	39.55	50.01	50.01	40.68	40.68

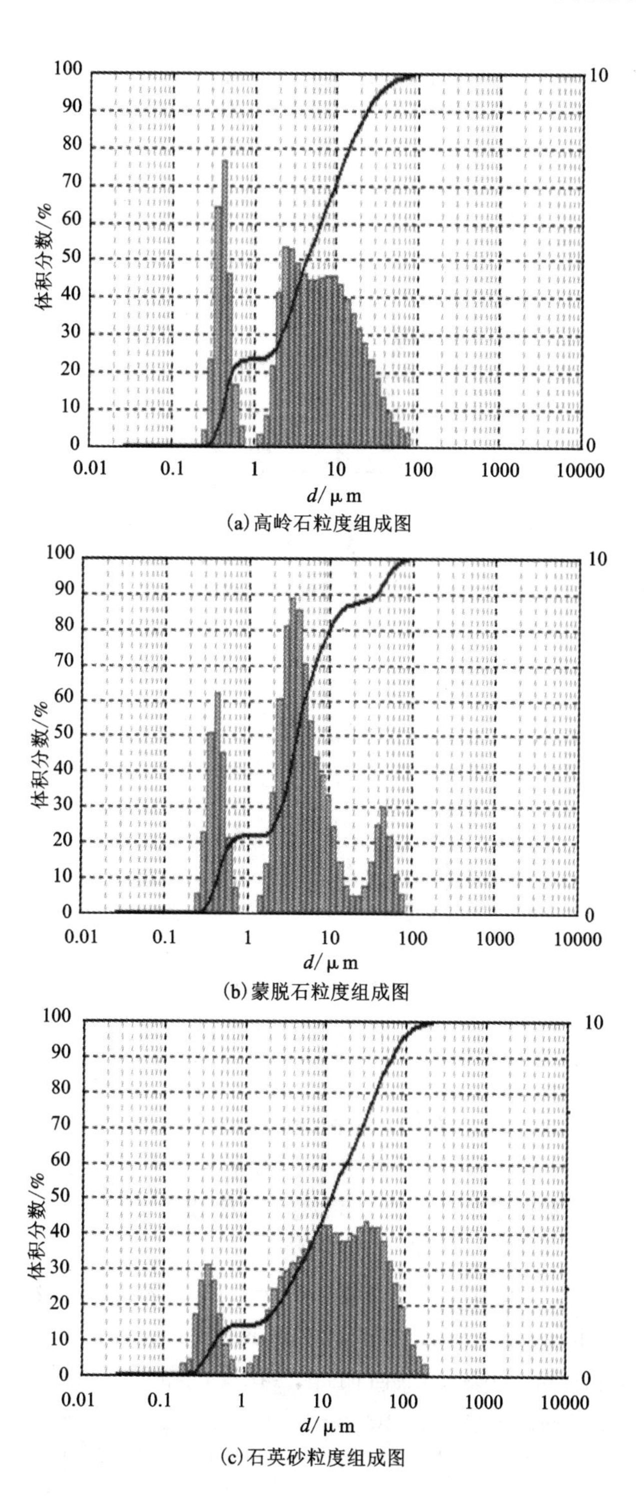

(a)高岭石粒度组成图

(b)蒙脱石粒度组成图

(c)石英砂粒度组成图

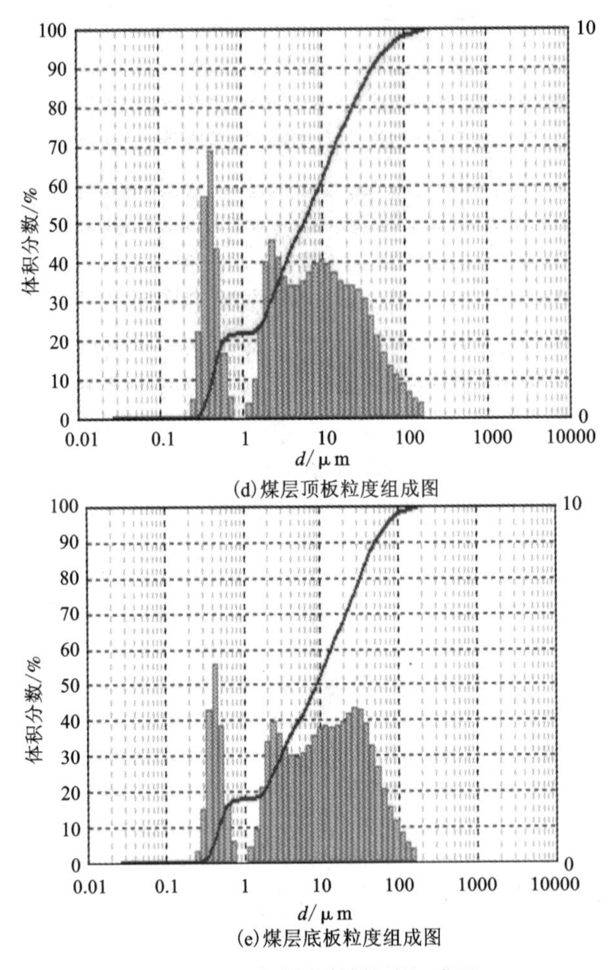

(d)煤层顶板粒度组成图

(e)煤层底板粒度组成图

图 3-1 不同矿物质的粒度组成图

由表 3-1 和图 3-1 可以看出，在相同的磨矿条件下，蒙脱石更容易破碎成微细颗粒，其次是高岭石、石英砂。由于煤层顶底板成分复杂，因此在磨矿过程中粒度的改变与纯物质有很大差别。在煤泥水中煤和无机矿物成分在颗粒分布上有很大的区别。Bradley 的研究表明，煤的颗粒要比矿物颗粒粗得多，平均有 40%的颗粒小于 44 μm，而其中仅有 3%的颗粒小于 1 μm；而无机矿物颗粒中平均约有 80%的颗粒小于 44 μm，其中又有 25%的颗粒小于 1 μm。不同种类的无机矿物在粒度分布上的规律是：石英和方解石的颗粒粒度比黏土颗粒粗得多，黏土颗粒往往相当细。煤泥水的泥质颗粒(<10 μm ESD）主要是黏土矿物颗粒，这些颗粒的聚沉稳定性决定煤泥水分散体系的聚沉稳定性，因此煤泥水中黏土颗粒决定了其

处理的难易程度。根据斯托克斯公式，颗粒的沉降速度与其粒径的平方成正比，颗粒越细，其沉降速度就越慢；从另一方面讲，颗粒的粒度越小，其重力作用越小，布朗运动的影响越显著，使颗粒保持悬浮状态。所以，这样的微细颗粒在较短的时间内单纯依靠自身重力很难沉降，必须采用其他行之有效的方法迫使其沉降。

3.2.2　不同矿物质自然沉降规律分析

称取相同体积的不同矿物质，将其与去离子水配制成一定体积浓度的溶液(固液体积比为 1∶25)，在沉降管中静置一定时间，测定其压缩层高度和上清液的浊度，结果见图 3-2。

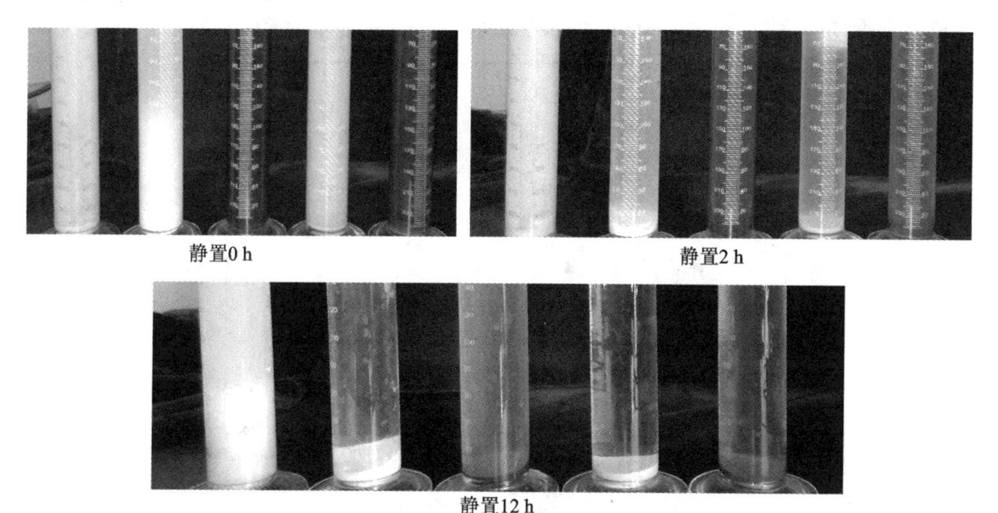

样品自左向右依次为蒙脱石、高岭石、煤层顶板、石英和煤层底板

图 3-2　不同矿物质在水中的静置沉降状态

蒙脱石和煤层顶板自然沉降困难是导致选煤厂煤泥水难以处理的关键组成部分，静置 12 h 后仍然稳定存在，浊度超过了 1000 NTU，而高岭石、石英砂和煤层底板则容易沉降处理，尤其是石英砂沉降 1 h 后上清液的浊度即可达 165 NTU。由于高岭石颗粒之间总的作用势能为正值，颗粒之间相互排斥分散而不凝聚，其片状结构的层面和端面之间静电引力的作用形成了卡片房架结构型凝聚，成为较大的松散絮团，因而可以达到缓慢沉降的效果；分散介质中蒙脱石颗粒既有原始母体层—层堆积的结构形式，又产生了分散以前所不具有的边—面或边—边结合状态，处于分散状态的蒙脱石颗粒由于“同晶置换”使得表面带永久负电荷，在黏土/水分散体系呈现稳定悬浮状态；石英由于其自身密度较大，且在空间中呈平行六面体晶胞周期性排列，沉降过程中不受颗粒形状的影响，因此沉降较快，上清液浊度较高。而黏

土含量较高的煤层顶板则由于煤颗粒被蒙脱石包裹或夹杂在整体网架结构中，表现出同蒙脱石相似的沉降规律，沉降效果较差。煤与高岭石颗粒之间的总作用势能为负值，颗粒之间有更强的吸引能，所以煤与高岭石颗粒之间更容易凝聚，石英砂在混合体系中由于细小颗粒的拖曳作用，沉降速度有所减慢，因此表现出煤层底板的沉降效果介于高岭石和石英砂之间。因此在煤泥水石英砂含量较多时，煤泥水容易处理，但是应当防止过快沉降而导致的管路堵塞。

3.2.3 不同矿物质吸水性分析

分别称取 5 g 不同矿物质空气干燥样品，将其平铺于 35 mm×75 mm 的称量瓶中，不盖盖置于湿度为 90%、温度为 20℃的恒温恒湿箱中保存，间隔一定时间称量样品的质量变化，从而测试该样品的吸水性，试验结果见图 3–3。

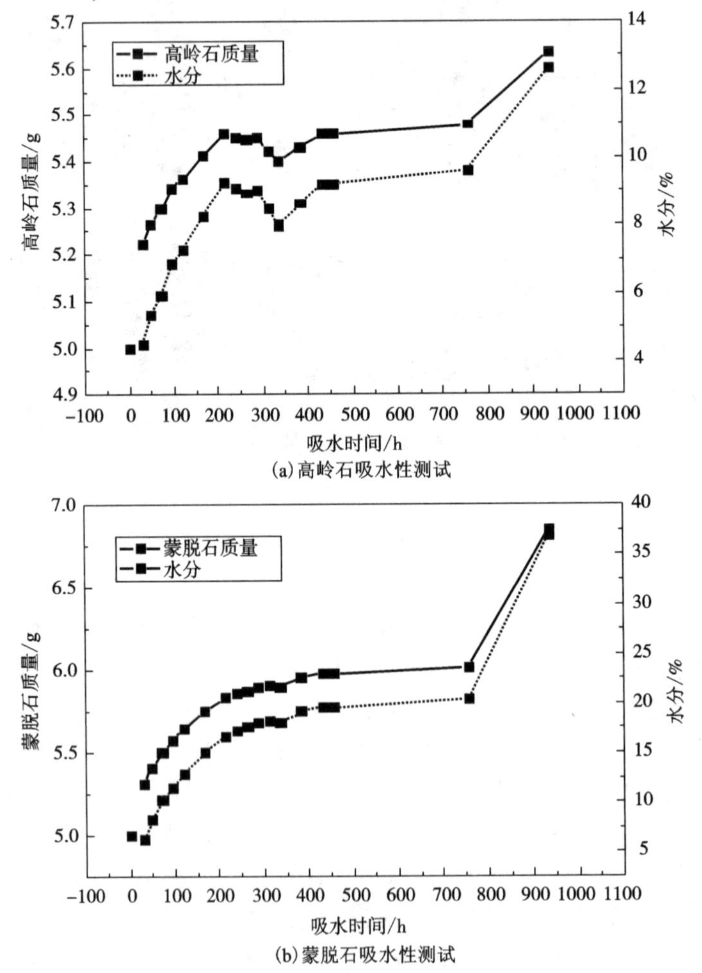

(a) 高岭石吸水性测试

(b) 蒙脱石吸水性测试

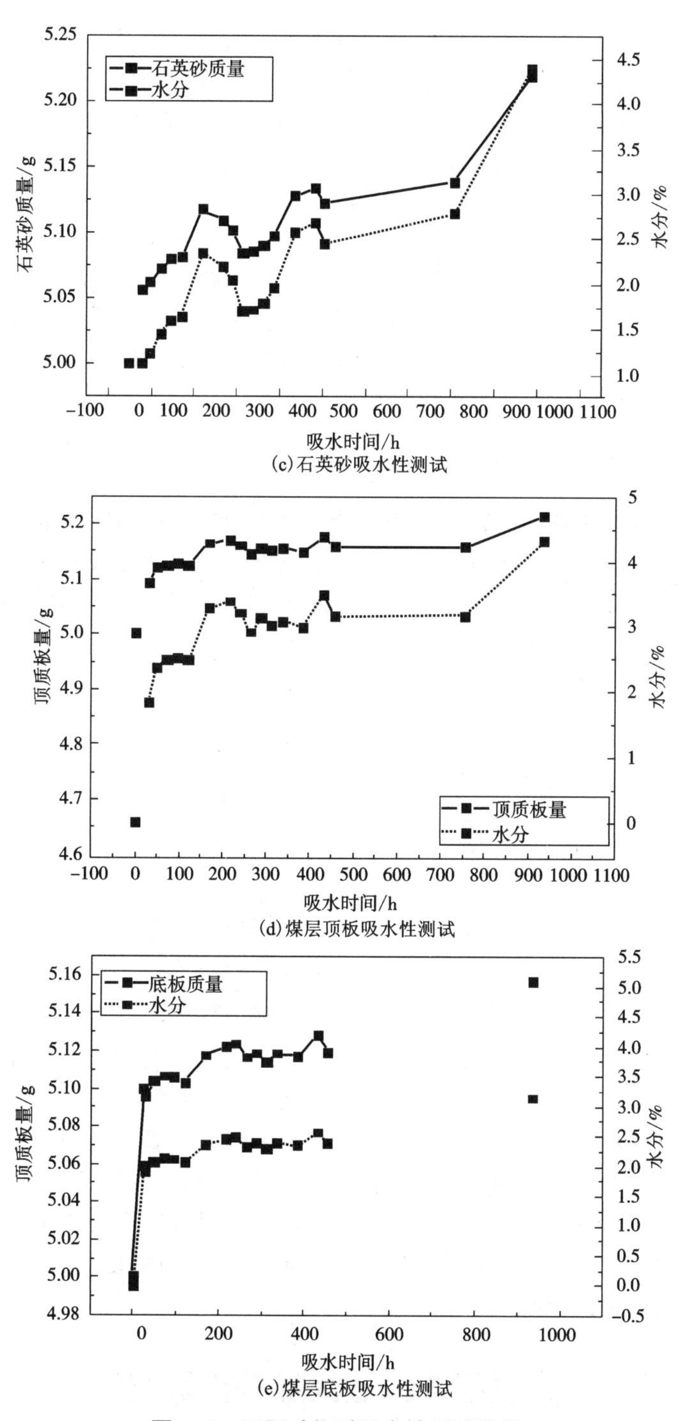

图 3-3　不同矿物质吸水性测试结果

由图 3-3 可以看出，不同矿物质吸水性差异较大，其中蒙脱石吸水性较强，在吸水测试的前 200 h 内处于质量稳定上升阶段，当吸水时间达到 768 h 后，高岭石、蒙脱石和石英砂的质量会明显增加，蒙脱石的吸水量由 768 h 的 25. 21%升高至 960 h 的 37. 94%，而其他矿物质在测试期间内吸水量的最大值分别是高岭石 12. 70%，石英砂 4. 45%，煤层顶板 4. 34%，煤层底板 2. 5%。由于煤在机械破碎过程中，矿物表面发生断键及破键，这些断裂的化学键很不稳定，容易与空气中水分等发生作用，这是导致矿物质吸附水分子的重要原因，因此当煤炭中的黏土类矿物含量较大，尤其是蒙脱石含量较高时，不仅应当尽量减少洗选过程中煤泥与水的接触时间，而且在存放过程中也应当尽量减少堆放时间，否则将会吸收周围环境中的水分，加速煤炭的氧化进程。

3. 2. 4 不同矿物质脱水规律分析

由于上述五种矿物质的密度相差较为悬殊，若配制相同质量浓度的矿浆将会导致滤饼厚度差异较大，进而因滤饼厚度产生差异而影响过滤比阻，因此本次试验配制固液体积比为 1∶25 的矿浆进行脱水性能测试，试验结果见图 3-4。

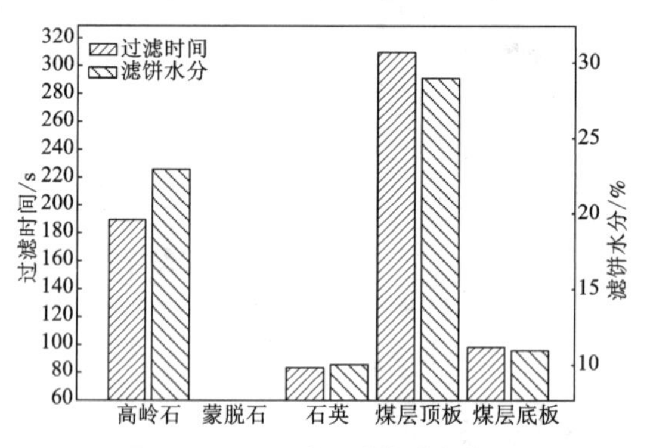

图 3-4 不同矿物质的脱水效果

由于蒙脱石多数都是结晶质的层状结构，遇水后具有强大的水化分散性和可塑性，具有较强的吸附性和离子交换性，因此在颗粒表面形成一定厚度的水化层，在溶液中呈悬浮状态稳定存在，脱水极其困难。试验中蒙脱石的滤液呈水滴状滴出，过滤试验进行了 10 min 后还未形成滤饼，因此中断了过滤实验。由图 3-4 可以看出，石英和煤层底板的过滤速度较快，所得的滤饼水分也极低，而煤层顶板的过滤时间及滤饼水分远高于其他几种矿物质，原因在于蒙脱石矿物质的存在阻碍了矿浆过滤的进行。

3. 3 不同矿物质组分自然沉降特性研究

由图 3-5 可以看出，煤层底板的沉降效果最好，其次为石英砂，而蒙脱石、煤层顶板和高岭石中则悬浮着大量微细粒子，沉降速度极为缓慢。煤层底板和石英在沉降过程中可以迅速出现固液分界面，并获得较低浊度的澄清液，原因在于沉降速度不仅与煤粒的直径呈平方比关系，而且与颗粒的密度有较大的关系，所以矿物质的密度越大，晶格结构越趋于球形，沉降速度越快。

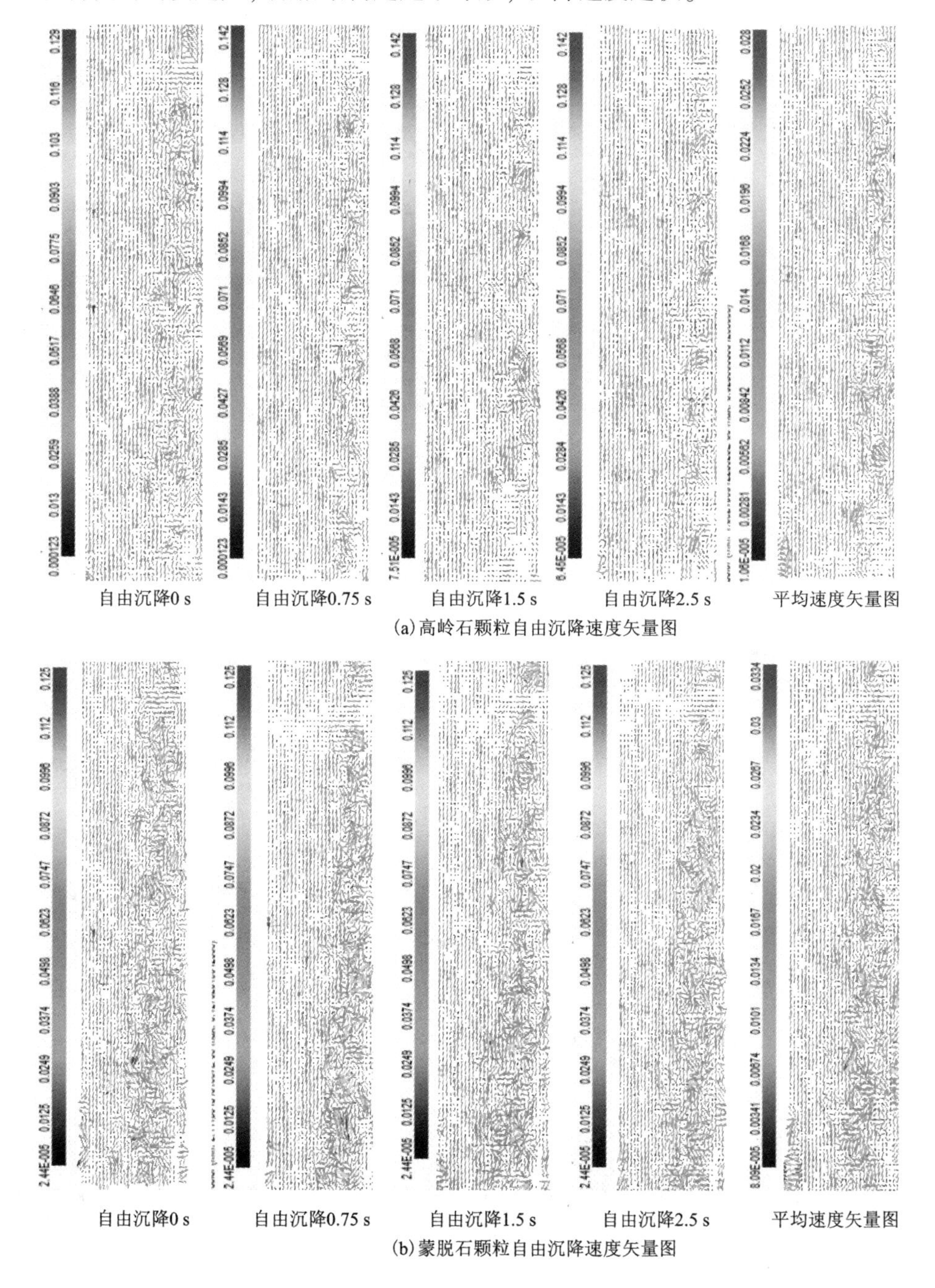

自由沉降0 s　自由沉降0.75 s　自由沉降1.5 s　自由沉降2.5 s　平均速度矢量图

(a)高岭石颗粒自由沉降速度矢量图

自由沉降0 s　自由沉降0.75 s　自由沉降1.5 s　自由沉降2.5 s　平均速度矢量图

(b)蒙脱石颗粒自由沉降速度矢量图

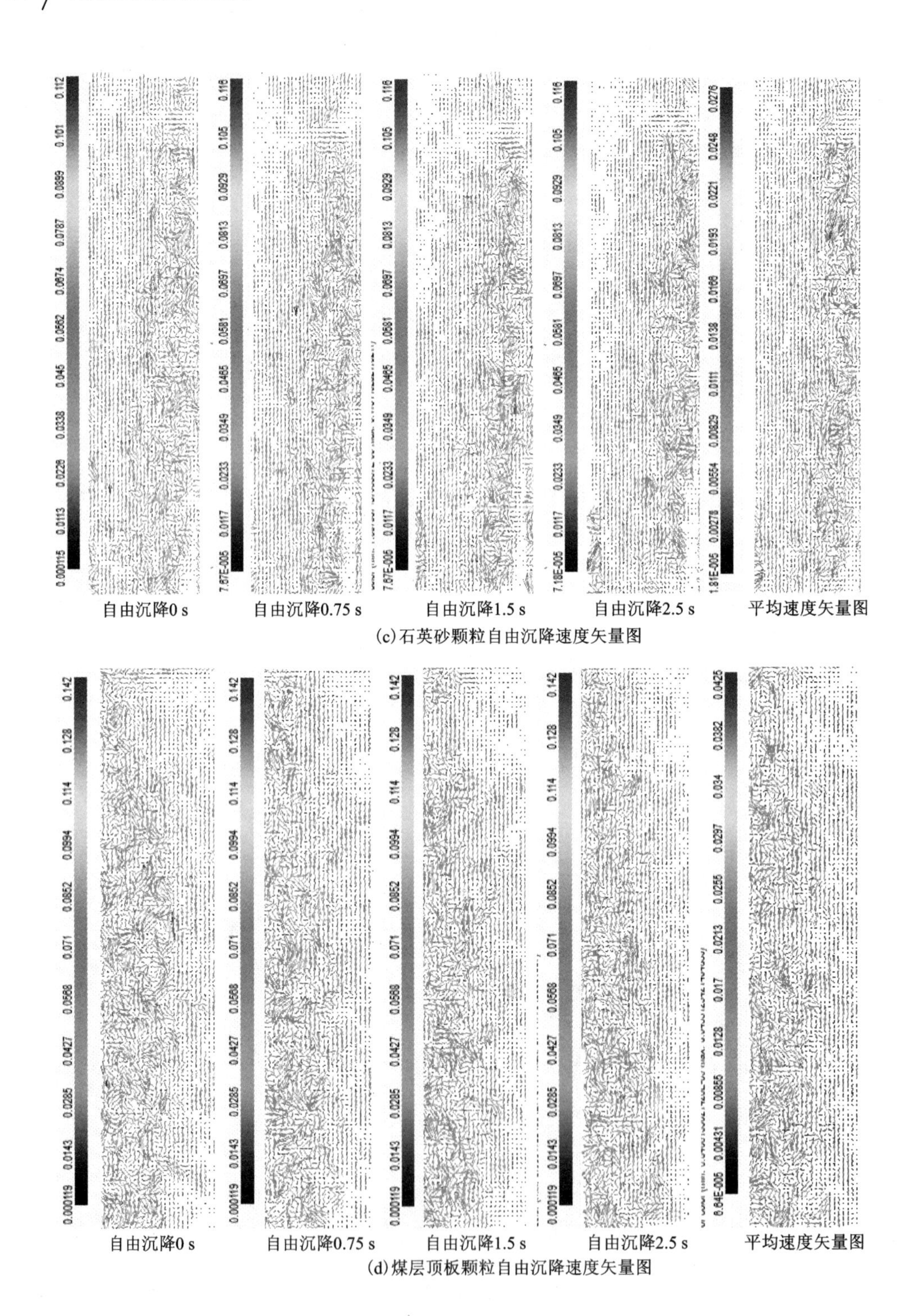

(c)石英砂颗粒自由沉降速度矢量图

(d)煤层顶板颗粒自由沉降速度矢量图

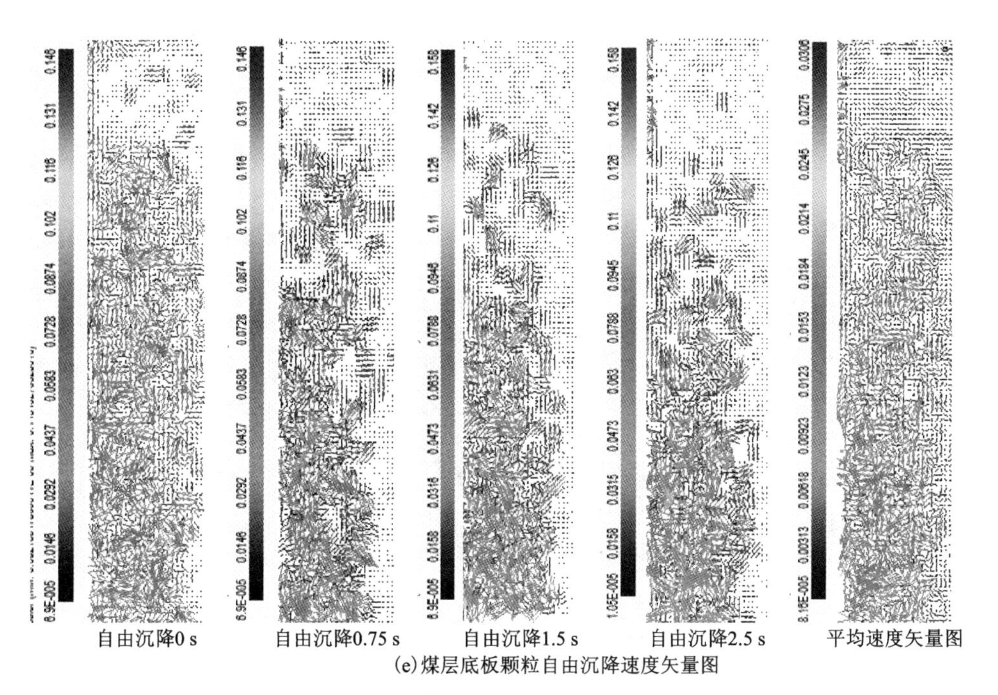

(e)煤层底板颗粒自由沉降速度矢量图

图 3-5　不同浓度矿物颗粒自由沉降速度矢量图

3.4　不同矿物质的氧化试验研究

将相同体积的不同矿物质分别与浓度为 15%的 100 mL H_2O_2 溶液进行混合，搅拌并氧化 6 h 后，加去离子水至 250 mL，在实验室静置 12 h 后测定上清液的浊度，见图 3-6。

对氧化后的矿浆进行脱水试验检测，发现所有矿物质的脱水效果均变差，氧化前只有蒙脱石的脱水时间超过了 10 min，氧化后蒙脱石、高岭石、煤层顶板的脱水时间均超过 10 min，滤液从原来的不间断流出变为 3~9 s/drop，而石英和煤层底板脱水速度也有不同程度的降低。通过测定各矿物质的粒度组成，结果见表 3-2，发现除石英砂及煤层底板的粒度变化较小外，其余三种矿物质的粒度基本都小于 6 μm，因此认为氧化对矿物质的粒度有较大影响，从而导致矿浆的沉降脱水效果明显变差。

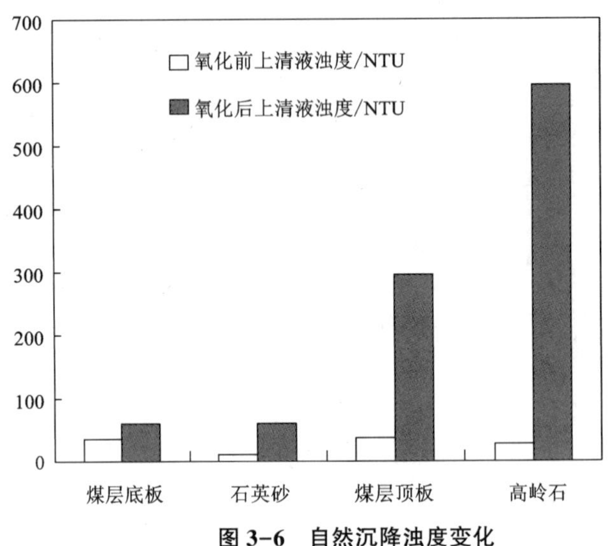

图 3-6　自然沉降浊度变化

表 3-2　氧化后矿物质组分的粒度组成

粒级/μm	高岭石		蒙脱石		石英砂		煤层顶板		煤层底板	
	产率/%	累计产率/%	产率/%	累计产率/%	产率/%	累计产率/%	产率/%	累计产率/%	产率/%	累计产率/%
1400~1000	0.00	100.00	0.00	100.00	0.00	100.00	0.00	100.00	0.00	100.00
1000~500	0.00	100.00	0.00	100.00	0.00	100.00	0.00	100.00	0.00	100.00
500~250	0.00	100.00	0.00	100.00	0.00	100.00	0.00	100.00	0.00	100.00
250~125	0.00	100.00	0.00	100.00	0.00	100.00	0.00	100.00	0.95	100.00
125~75	0.00	100.00	0.00	100.00	0.00	100.00	0.00	100.00	3.41	100.00
75~45	0.00	100.00	0.00	100.00	1.48	100.00	2.25	100.00	6.83	100.00
45~6	6.74	100.00	2.48	100.00	30.33	98.52	13.22	97.75	34.41	93.17
-6	93.26	93.26	97.52	97.52	68.19	68.19	84.53	94.53	58.76	58.76

综上所述，煤炭的共伴生矿物种类繁多、结构复杂，在相同破碎条件下，矿物质的破碎解离程度不同，其中蒙脱石、高岭石的粒度较细，石英砂粒度较粗；相同氧化条件下，黏土类矿物，如蒙脱石和高岭石，由于其片状结构及化学键的作用较弱，导致黏土类矿物氧化后颗粒的粒度明显变细，最终在矿浆中呈现稳定

悬浮状态，沉降脱水困难，而石英则可以实现快速自然沉降。所以矿物质的晶格结构决定了颗粒在悬浮液中的存在状态，这也是导致其粒度变细的主要原因；蒙脱石矿物的吸水性较强，960 h 后吸水量可达 37.94%，石英砂的吸水量最小，为 4.45%，原因在于机械破碎过程中，煤中矿物表面发生断键及破键，这些断裂的化学键很不稳定，容易与空气中水分等发生作用。

第4章 矿物含量对细粒煤泥沉降脱水效果的影响

煤炭的成煤时期及成煤环境均比较复杂，断层发育、褶皱、节理较多，造成煤炭洗选加工效率降低，尤其是选煤过程中煤泥沉降脱水受此影响更为明显。由第4章试验结果可知煤炭中含有的黏土矿物，尤其是蒙脱石及高岭石，在遇水软化崩解后会导致矿物自身在煤泥水中分散形成粒度极微小、处于悬浮状态的颗粒，一方面颗粒表面存在较高的Zeta电位和一定厚度的水化膜，另一方面增大了煤泥水体系的黏度，所以当煤泥水中黏土类矿物含量增加，必须强化煤泥水的管理以降低煤泥水系统对煤炭洗选和产品质量的影响。

煤是由有机质及无机矿物质共同组成的岩相物质，所以煤炭中矿物质含量、有机组分与煤的密度有很大的关联性。煤炭的物理化学性质是煤炭综合利用技术的理论基础，而煤岩组分又是其中的重点研究对象，煤岩成分反映了成煤环境，可用于判断煤化学工艺性能，指导炼焦配煤，评价煤炭的可选性，指导预测煤层气等方面。相同煤样，不同密度级因所含煤岩组分及矿物质成分差异较大，煤炭的脱水效果相差悬殊，因此基于煤炭密度深入分析不同矿物含量煤泥的沉降脱水特性对沉降脱水具有重要的现实意义。

4.1 不同矿物含量样品的基本性质

4.1.1 不同矿物含量煤样的粒度组成分析

将不同密度级-0.5 mm的煤样通过激光粒度仪的湿法检测获得如图4-1的试验结果。随着煤样密度级升高，煤样中的粗细粒级物料逐渐趋于两极化，即中间粒度级别的煤样所占比重明显减少，且-10 μm粒度级煤粒呈现先增大后减小的规律，其原因在于低密度级煤样中，无机矿物质含量较少，颗粒的破碎解离可以认为是煤炭中有机质的破碎，因此产生的颗粒粒度差异性较小；而随着煤样密度的增加，矿物质含量增加，矿物质中硬度比较高的石英、碳酸盐、硫酸盐和黏土类矿物含量也有所增加，破碎入料成分复杂，因而破碎产生的粒度差异性增大。

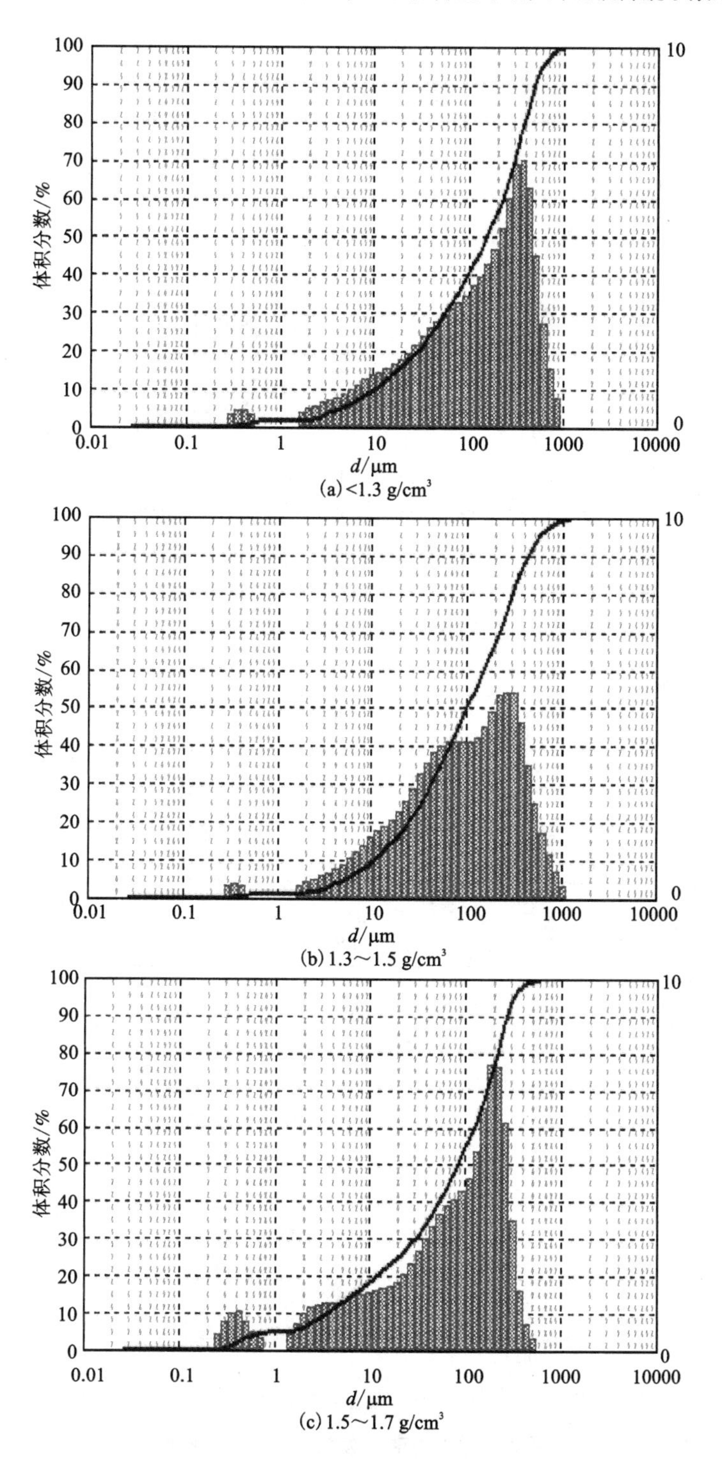

(a) <1.3 g/cm³

(b) 1.3～1.5 g/cm³

(c) 1.5～1.7 g/cm³

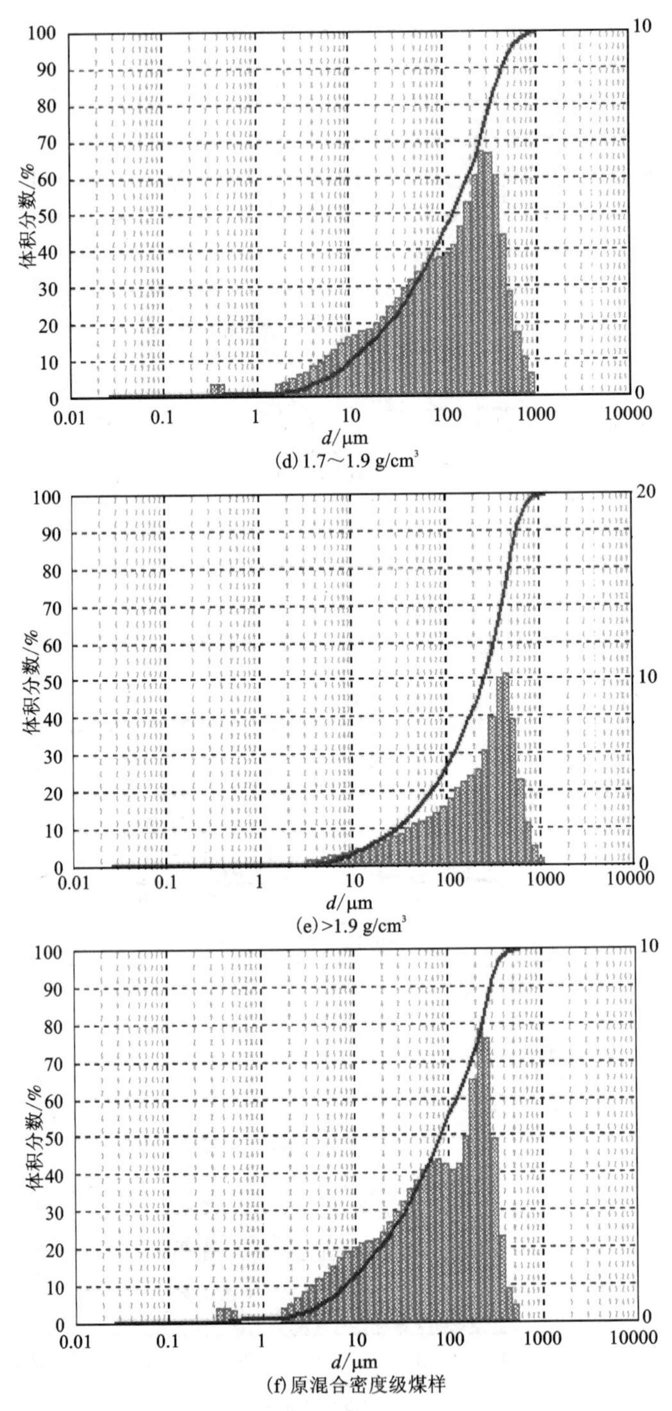

图 4-1　不同密度级煤样的粒度组成图

4.1.2　不同矿物含量煤样的矿物组成分析

由图 4-2 可以看出，高岭石和蒙脱石的含量随煤样密度级的升高而增加，黄铁矿和石英的含量变化不大。煤的密度与煤中所含有机质的成分及变质程度有密切关系，但主要还是取决于煤中矿物质的密度及数量。通过破碎，煤中的矿物质在一定程度上可以解离，解离度与矿物颗粒在煤中的嵌布特征及破碎粒度的上限有很大关系。具有一定解离度的散体煤炭，其密度范围从低到高一般是连续分布的，具有一定的分布范围。但是一般密度越低的煤炭中，矿物质含量越少，碳含量越高，灰分越低，润湿性越差；而高密度级别的煤炭中矿物质含量高，灰分高，碳含量和润湿性相应降低。

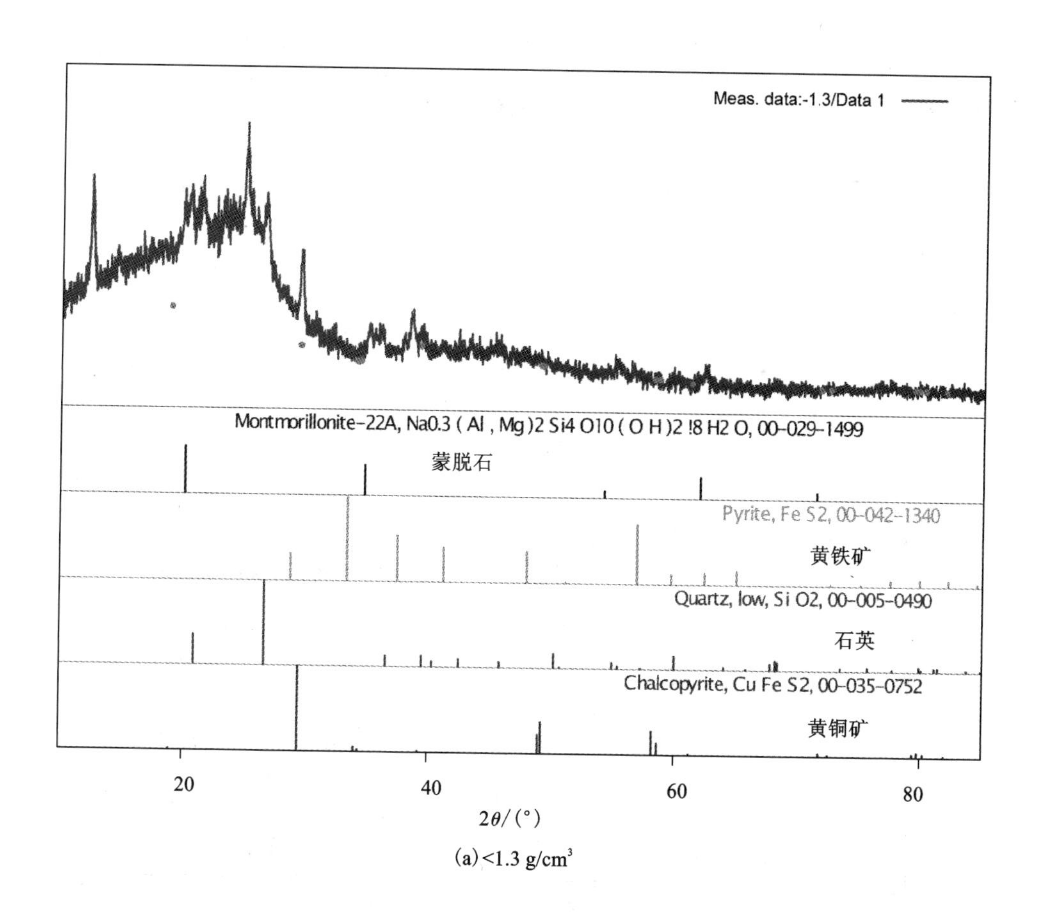

(a)<1.3 g/cm³

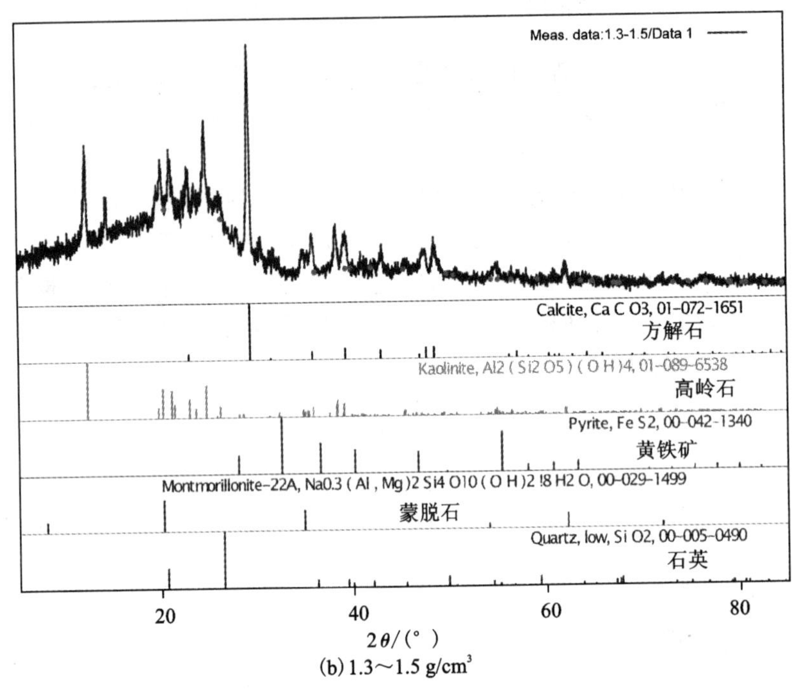

(b) 1.3～1.5 g/cm³

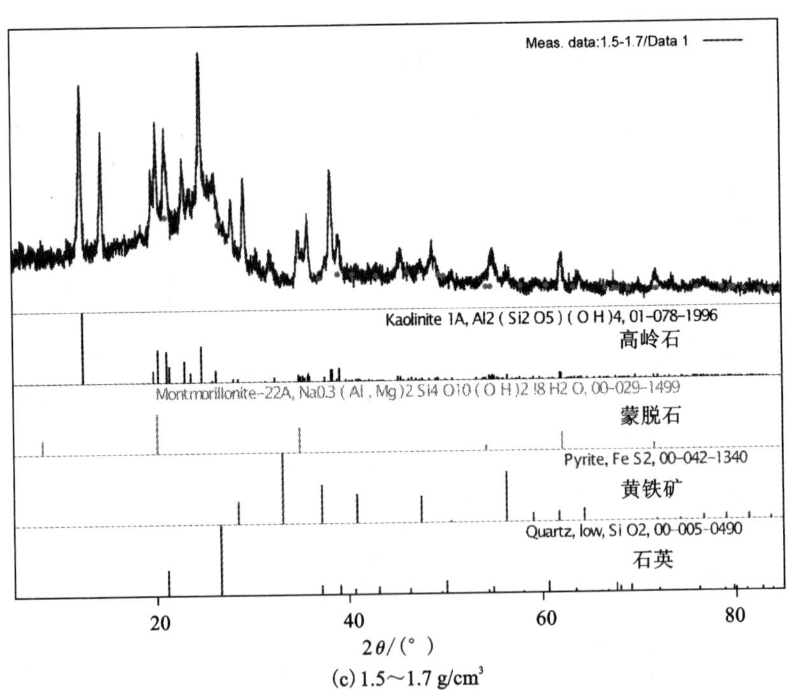

(c) 1.5～1.7 g/cm³

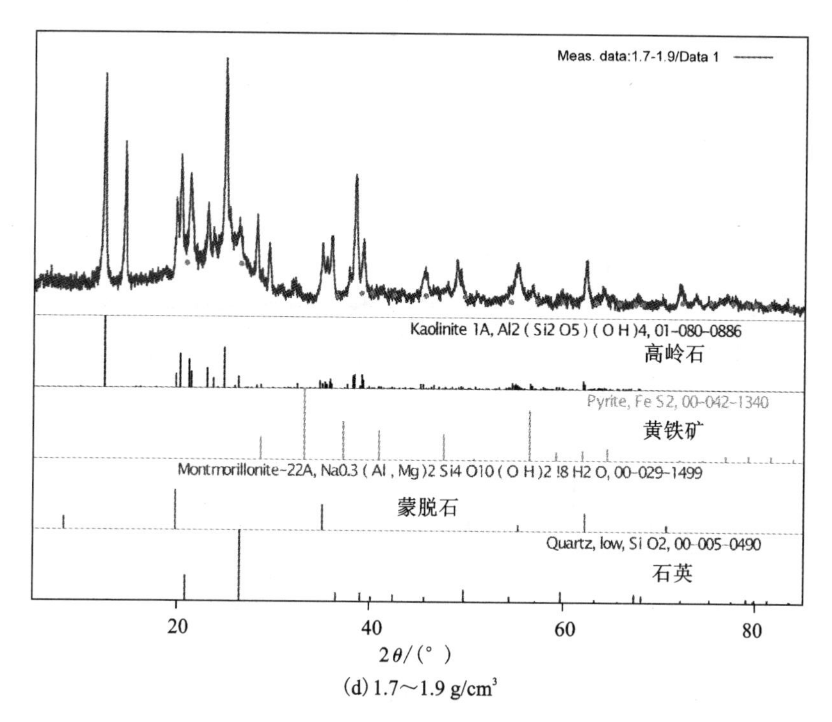

(d) 1.7～1.9 g/cm³

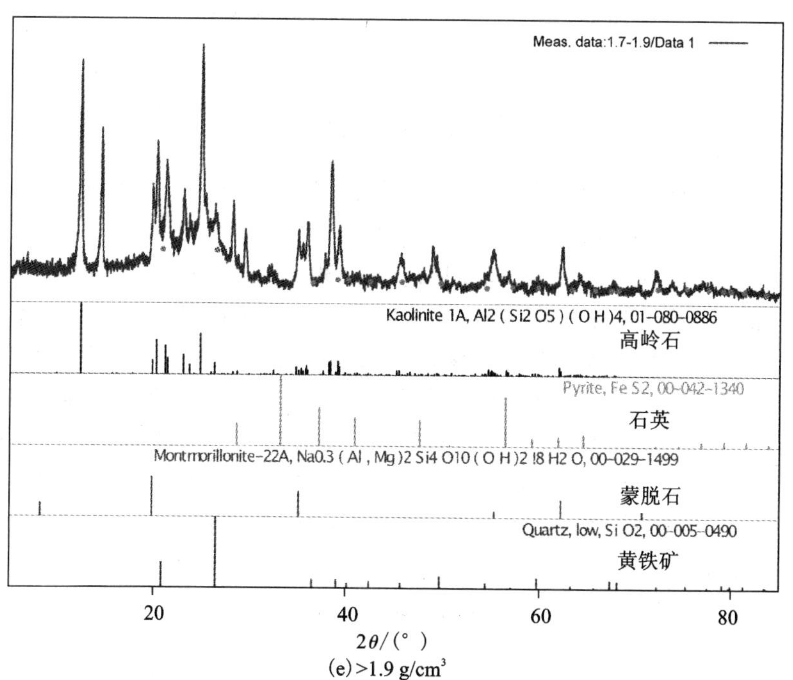

(e) >1.9 g/cm³

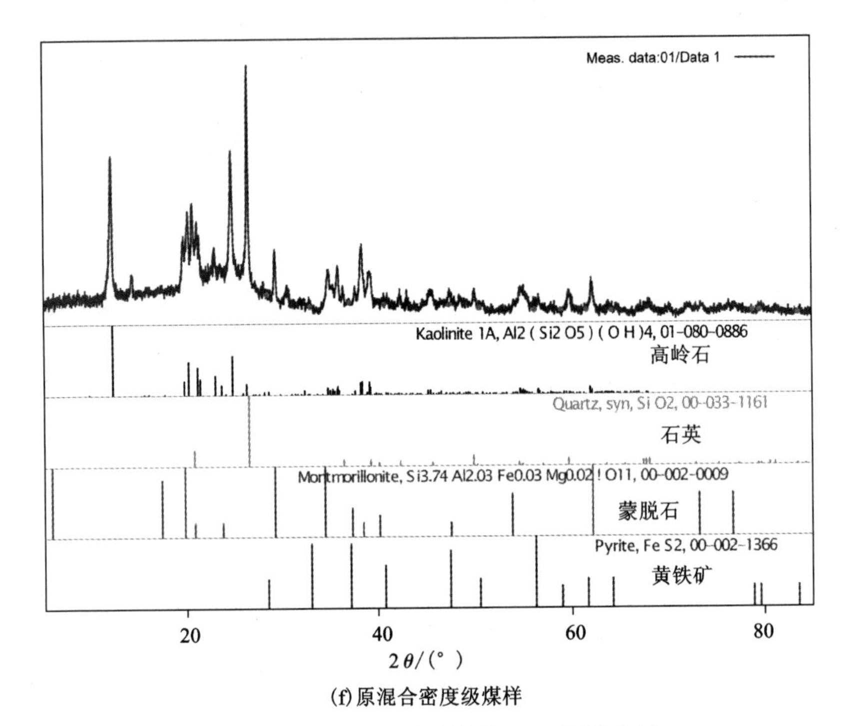

(f) 原混合密度级煤样

图 4-2 不同矿物含量煤样的 XRD 图谱分析

4.1.3 不同矿物含量煤样的润湿热分析

采用 SetranmC80 微量热仪测定不同密度级样品的润湿性，结果见图 4-3。由图 4-3 可以看出，润湿热自低密度级向高密度级分别为 -12.424 J/g、-11.105 J/g、-10.703 J/g、-9.313 J/g、-3.539 J/g，呈现出依次递减趋势，即样品疏水性依次减弱，脱水变得困难[100]。这是由于煤是由结构相似而又不完全相同的缩聚芳环、氢化芳环及杂环为核心的大分子结构组成，侧链多含有酚基、羰基、羟基和醌基等化学活性较强的亲水性活性基团和甲基、亚甲基等天然疏水性基团。当极性水分子与煤表面不饱和官能团作用时会产生热效应，由于不同密度级煤样中有机成分的含量不同，官能团的数量差异较大，热值大小反映了官能团对水分子的吸附能力，煤的疏水性随密度级的增加而减小。

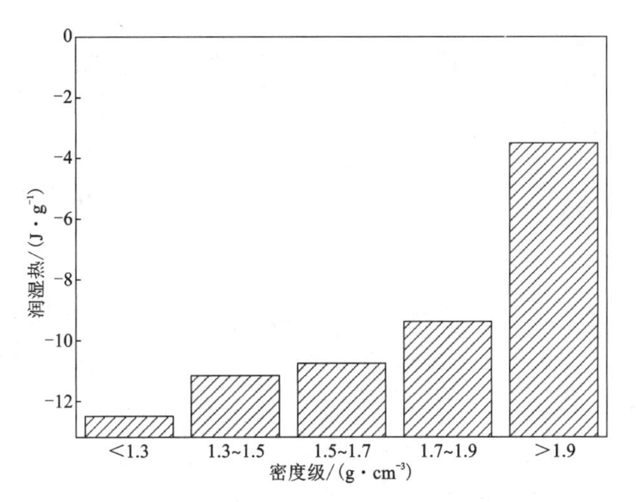

图 4-3　不同密度级样品的润湿热比较

4.2　不同矿物含量煤样的有机显微组成

影响煤炭密度的因素有煤的成因、煤化程度、煤岩成分、煤中矿物质含量和组成、风化程度等，同一煤层煤样密度的主要影响因素为煤岩成分及矿物组成。煤的有机显微组分是指煤中由植物有机质转变而成的组分，腐殖煤的有机显微组分可分为镜质组(凝胶化组分)、惰质组(丝炭化组分)和壳质组(稳定组)。煤炭的密度与有机显微组分有一定关系，一般腐泥煤的真密度比腐殖煤小，随着煤化程度的增加，密度也随之变化。煤岩成分中，丝炭的真密度最大，为 1.37~1.52 g/cm^3，镜煤 1.28~1.30 g/cm^3，亮煤 1.27~1.29 g/cm^3，暗煤 1.3~1.37 g/cm^3。随煤化程度的增加，各种煤岩成分的密度有逐渐接近的趋势。采用不饱和聚酯树脂将煤粉胶结成型，依次用金刚砂、白刚玉粉及超声波将试样研磨抛光，采用德国 Zeiss 生产的 Axio Scope A1 pol 万能研究级偏光显微镜测定煤样的显微组分，不同煤岩显微组分见图 4-4 至 4-6。

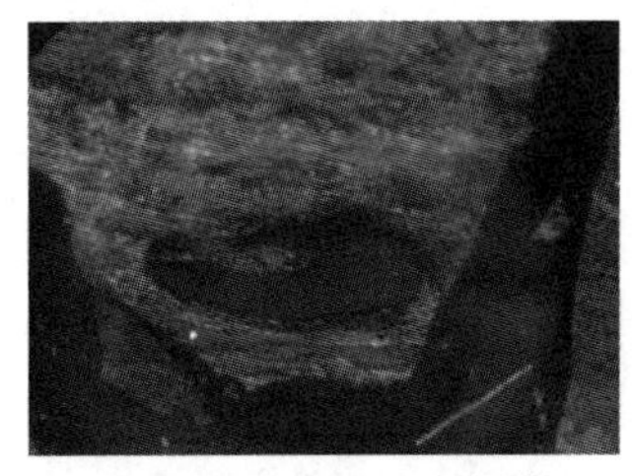
镜质组、壳质组、零星矿物

惰质组、结构镜质组

半丝质体、结构镜质组、零星矿物

图 4-4　煤炭有机显微组分图

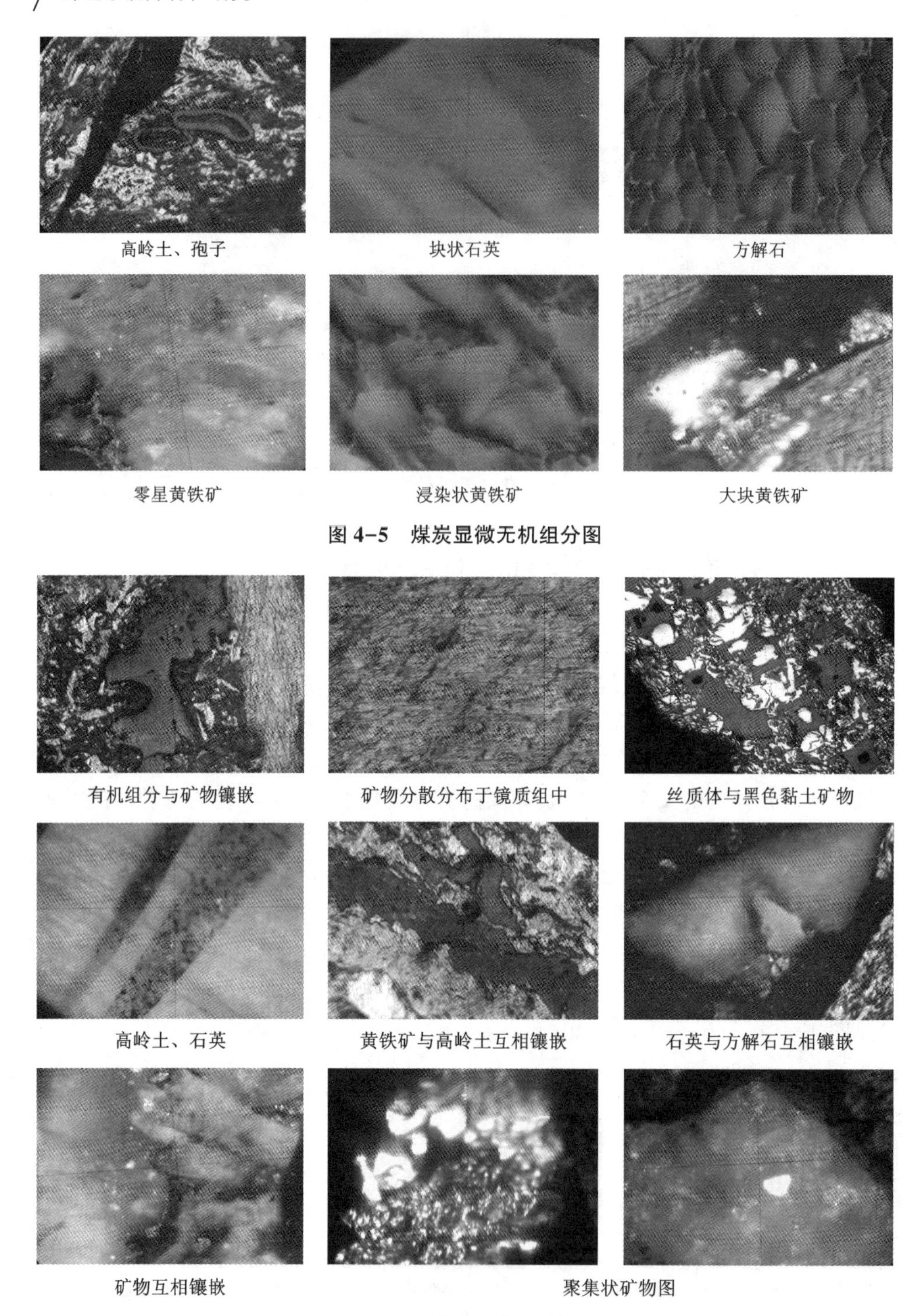

高岭土、孢子　块状石英　方解石

零星黄铁矿　浸染状黄铁矿　大块黄铁矿

图 4-5　煤炭显微无机组分图

有机组分与矿物镶嵌　矿物分散分布于镜质组中　丝质体与黑色黏土矿物

高岭土、石英　黄铁矿与高岭土互相镶嵌　石英与方解石互相镶嵌

矿物互相镶嵌　聚集状矿物图

图 4-6　煤炭显微组分图

由图 4-4 至 4-6 可以看出，煤中的有机显微组分同矿物质常常混杂在一起，因此在煤炭洗选过程中很难将矿物质完全解离，实现矿物质的彻底脱除，所以在选煤过程中会有大量的矿物质与煤颗粒一同进入煤泥水系统，其中的黏土类矿物遇水会慢慢解离、泥化，形成微细颗粒的悬浮体，继而影响煤泥水的后续处理。

煤岩显微组分的测定中，为保证测试的准确性，每个密度级测定 10 个样品，每个样品测定 500 个点。各密度级样品煤岩组分含量见表 4-1 至表 4-5。

表 4-1　<1.3 g/cm^3 密度级显微组分含量

编号	有机显微组分			无机显微组分			
	镜质组	惰质组	壳质组	黏土类矿物	氧化物类矿物	碳酸盐类矿物	硫化物类矿物
1	62.80%	23.00%	10.20%	2.20%	0.00%	0.80%	1.00%
2	59.00%	20.80%	15.40%	3.60%	0.40%	0.20%	0.60%
3	68.20%	17.80%	11.60%	1.00%	0.60%	0.00%	0.80%
4	67.20%	14.40%	12.80%	3.40%	1.00%	0.80%	0.40%
5	60.40%	22.00%	11.80%	4.20%	0.20%	0.80%	0.60%
6	65.20%	19.60%	12.60%	0.80%	0.60%	0.60%	0.60%
7	67.60%	18.40%	9.80%	2.40%	0.60%	0.40%	0.80%
8	66.40%	14.40%	15.00%	2.80%	0.20%	0.80%	0.40%
9	64.20%	25.60%	6.00%	3.00%	0.00%	0.60%	0.60%
10	67.00%	18.00%	10.80%	2.60%	0.40%	1.00%	0.20%
平均	64.80%	19.40%	11.60%	2.60%	0.40%	0.60%	0.60%

表 4-2　1.3~1.5 g/cm^3 密度级显微组分含量

编号	有机显微组分			无机显微组分			
	镜质组	惰质组	壳质组	黏土类矿物	氧化物类矿物	碳酸盐类矿物	硫化物类矿物
1	50.50%	31.10%	9.90%	3.90%	0.70%	1.80%	2.10%
2	54.60%	26.80%	11.80%	4.20%	0.50%	1.70%	0.40%
3	54.60%	25.00%	11.60%	3.90%	0.70%	2.80%	1.40%
4	54.20%	26.90%	11.50%	4.40%	0.50%	1.70%	0.80%

续表 4-2

编号	有机显微组分			无机显微组分			
	镜质组	惰质组	壳质组	黏土类矿物	氧化物类矿物	碳酸盐类矿物	硫化物类矿物
5	54. 40%	26. 70%	10. 70%	3. 90%	0. 80%	2. 30%	1. 20%
6	55. 70%	25. 90%	11. 20%	4. 70%	0. 80%	1. 20%	0. 50%
7	54. 40%	27. 10%	10. 60%	4. 90%	0. 60%	1. 80%	0. 60%
8	52. 60%	29. 00%	12. 40%	3. 40%	0. 60%	1. 80%	0. 20%
9	56. 60%	26. 70%	10. 50%	4. 20%	0. 40%	1. 10%	0. 50%
10	54. 40%	29. 80%	9. 80%	3. 50%	0. 40%	1. 80%	0. 30%
平均	54. 20%	27. 50%	11. 00%	4. 10%	0. 60%	1. 80%	0. 80%

表 4-3 1. 5~1. 7 g/cm³ 密度级显微组分含量

编号	有机显微组分			无机显微组分			
	镜质组	惰质组	壳质组	黏土类矿物	氧化物类矿物	碳酸盐类矿物	硫化物类矿物
1	34. 90%	30. 20%	24. 10%	5. 20%	0. 60%	4. 00%	1. 00%
2	33. 80%	32. 20%	25. 40%	5. 00%	0. 80%	2. 10%	0. 70%
3	32. 40%	32. 60%	24. 80%	6. 10%	0. 20%	3. 10%	0. 80%
4	35. 80%	31. 00%	25. 40%	5. 40%	0. 40%	1. 70%	0. 30%
5	33. 40%	31. 20%	24. 90%	5. 70%	1. 00%	2. 60%	1. 20%
6	33. 80%	30. 60%	25. 00%	5. 10%	0. 50%	3. 70%	1. 30%
7	34. 00%	31. 50%	24. 80%	4. 80%	0. 50%	3. 20%	1. 20%
8	33. 80%	31. 10%	24. 00%	5. 90%	0. 30%	3. 40%	1. 50%
9	33. 20%	30. 50%	25. 10%	5. 80%	0. 40%	3. 50%	1. 50%
10	34. 90%	30. 10%	23. 50%	6. 00%	0. 30%	3. 70%	1. 50%
平均	34. 00%	31. 10%	24. 70%	5. 50%	0. 50%	3. 10%	1. 10%

表 4-4 1.7~1.9 g/cm^3 密度级显微组分含量

编号	有机显微组分			无机显微组分			
	镜质组	惰质组	壳质组	黏土类矿物	氧化物类矿物	碳酸盐类矿物	硫化物类矿物
1	28.30%	36.50%	17.80%	9.90%	0.25%	5.05%	2.20%
2	30.45%	37.45%	16.85%	9.35%	0.95%	4.30%	0.65%
3	29.00%	36.75%	17.30%	10.00%	0.75%	4.95%	1.25%
4	28.35%	35.05%	17.95%	9.55%	0.55%	7.25%	1.30%
5	30.20%	36.45%	17.30%	9.20%	1.00%	4.65%	1.20%
6	28.45%	35.65%	17.85%	9.90%	1.30%	5.65%	1.20%
7	29.05%	36.30%	17.80%	9.30%	0.90%	5.85%	0.80%
8	29.15%	37.25%	17.70%	9.80%	0.50%	4.90%	0.70%
9	29.55%	38.15%	16.55%	10.20%	0.55%	4.50%	0.50%
10	29.50%	37.45%	18.90%	9.80%	0.25%	3.90%	0.20%
平均	29.20%	36.70%	17.60%	9.70%	0.70%	5.10%	1.00%

表 4-5 >1.9 g/cm^3 密度级显微组分含量

编号	有机显微组分			无机显微组分			
	镜质组	惰质组	壳质组	黏土类矿物	氧化物类矿物	碳酸盐类矿物	硫化物类矿物
1	20.05%	37.70%	17.80%	13.65%	1.00%	7.45%	2.35%
2	20.70%	36.70%	18.05%	14.60%	1.70%	7.30%	0.95%
3	20.75%	37.05%	16.70%	13.45%	1.20%	7.05%	3.80%
4	18.90%	35.65%	17.65%	14.65%	0.70%	9.95%	2.50%
5	19.70%	39.00%	18.20%	14.45%	1.60%	6.75%	0.30%
6	20.20%	35.35%	18.45%	14.40%	1.45%	8.05%	2.10%
7	20.80%	34.35%	18.55%	13.20%	1.20%	8.10%	3.80%
8	20.30%	36.65%	16.05%	14.45%	1.55%	8.65%	2.35%
9	18.60%	37.10%	19.25%	13.65%	1.75%	6.90%	2.75%
10	20.50%	37.45%	15.30%	14.00%	2.35%	7.80%	2.60%
平均	20.05%	36.70%	17.60%	14.05%	1.45%	7.80%	2.35%

根据表 4-1 至 4-5 的试验结果，将煤样的煤岩显微组分进行统计，得到不同煤岩显微组分含量，见表 4-6。由表 4-6 和图 4-7 可以看出，镜质组有机显微组分含量随着密度级的升高而逐渐降低，惰质组则随着密度级的升高而逐渐升高，壳质组则在 1.5 g/cm^3 的高密度级中含量较高。由于矿物质的密度比有机质的密度大得多，所以矿物质对煤的密度影响更大，煤中所含矿物质中高密度矿物含量越大，煤的密度也就越大。由于镜煤、亮煤、软丝炭性脆易碎，在一般的粉碎流程中往往容易破碎，而暗煤、矿化丝炭、矸石等性硬难碎，所以破碎后的粒度较大，这与不同密度级样品的粒度组成相吻合。

表 4-6　煤岩显微组分含量

密度级/(g·cm^{-3})	有机显微组分				无机显微组分				
	镜质组	惰质组	壳质组	总量	黏土类矿物	氧化物类矿物	碳酸盐类矿物	硫化物类矿物	总量
<1.3	64.80	19.40	11.60	95.80	2.60	0.40	0.60	0.60	4.20
1.3~1.5	54.20	27.50	11.00	92.70	4.10	0.60	1.80	0.80	7.30
1.5~1.7	34.00	31.10	24.70	89.80	5.50	0.50	3.10	1.10	10.20
1.7~1.9	29.20	36.70	17.60	83.50	9.70	0.70	5.10	1.00	16.50
>1.9	20.05	36.70	17.60	74.35	14.05	1.45	7.80	2.35	25.65

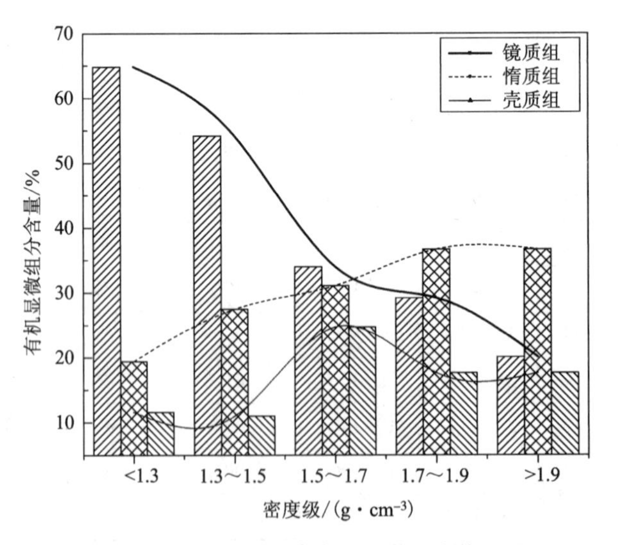

图 4-7　密度级与煤炭有机显微组分关系图

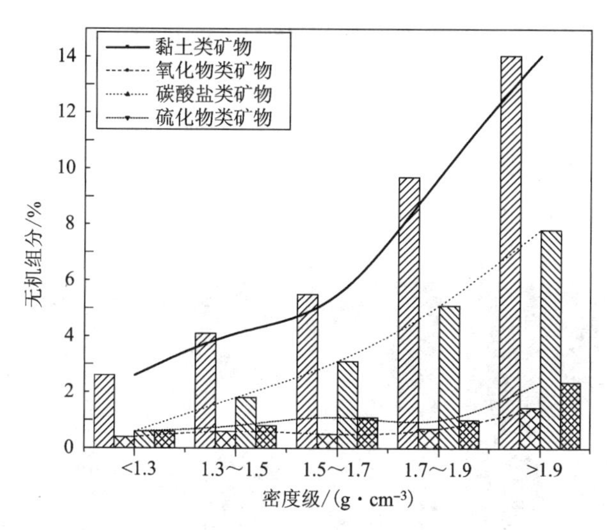

图 4-8　密度级与煤炭无机矿物组分关系图

由图 4-8 可以看出，该煤样中的主要矿物质包括黏土类矿物、氧化物类矿物、碳酸盐类矿物及硫化物类矿物，其中黏土类矿物和氧化物类矿物无机组分含量随着密度级的升高明显增加，碳酸盐和硫化物含量变化不大。由此可知该煤样中 S 多以有机硫形式存在，难以通过洗选脱出，黏土类矿物多存在于高密度组分中，因此会造成高密度组分脱水困难。

根据表 4-1～表 4-5 绘制不同密度级的有机显微组分(图 4-7)及无机矿物组分(图 4-8)。用 SPSS 统计软件对显微组分、矿物组成与密度建立模型，镜质组与其他 6 个变量存在共线关系，见式(4-1)：

$$Y=0.407M+0.779E+1.638N+2.926Y+10.443T+5.794L+1.105 \tag{4-1}$$

式中：Y——煤的密度，g/cm^3；

V——煤的镜质组含量，%；

M——煤的惰质组含量，%；

E——煤的壳质组含量，%；

N——煤的黏土类矿物含量，%；

Y——煤的氧化物类矿物含量，%；

T——煤的碳酸盐类矿物含量，%；

L——煤的硫酸盐类矿物含量，%。

拟合扰度 R^2 为 0.918。

4.3 不同矿物含量煤样沉降特性研究

将不同密度级煤样与去离子水配制成 1.5 g/L 浓度的煤浆，在沉降管中进行自然沉降，采用 PIV 系统的 CCD 相机在激光照射条件下得到不同密度级煤样颗粒自然沉降的图像，见图 4-9。

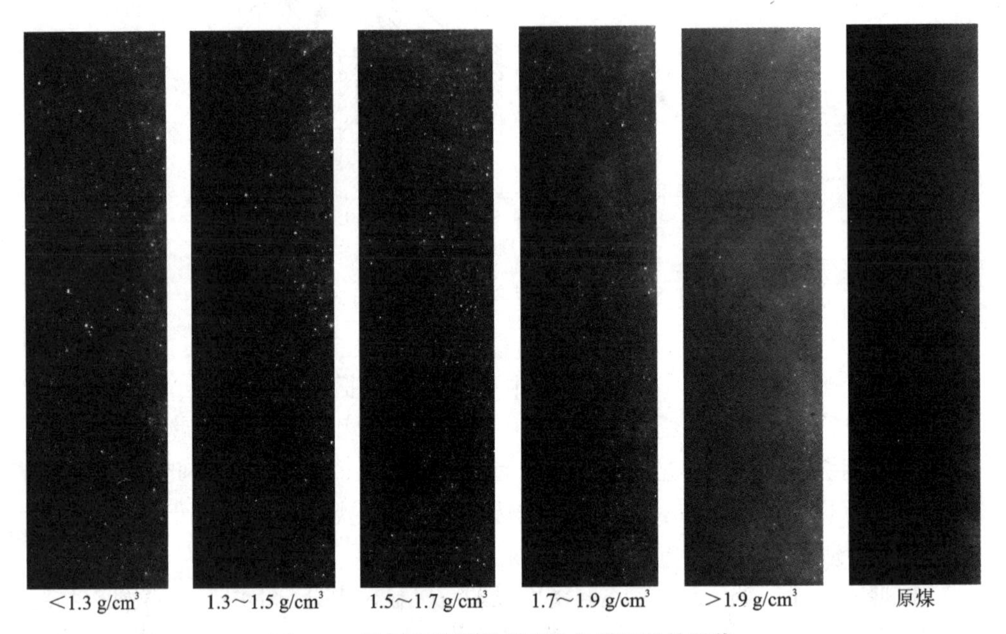

图 4-9 不同密度级煤样颗粒自然沉降的图像

随着密度级升高，样品中煤炭颗粒及石英、方解石等反光粒子的数目减少，在混合密度级煤样中，这些粒子则完全被其他黏土类等微细不反光粒子所遮盖。由于缺少示踪粒子，因而无法对原混合密度级煤样自然沉降中颗粒的运动状态进行测定。采用 PIV 获得单密度级样品的颗粒运动速度矢量图，结果见图 4-10。

由图 4-10 可以看出，不同密度级煤颗粒的沉降规律存在较大差异，<1.3 g/cm^3 的样品近似纯煤颗粒，可以在容器中快速沉积，由于存在较大的动能还将在容器底部产生较大的漩涡，随着密度级升高，煤浆中的微细黏土颗粒增加，悬浮液体系的黏度有所升高，这种因动能而产生的漩涡逐渐消失。通过 PIV 系统的 Flow Manager 软件对不同矿物颗粒自由沉降的平均速度进行求导，获得重力方向上该样品的沉降速度梯度场。

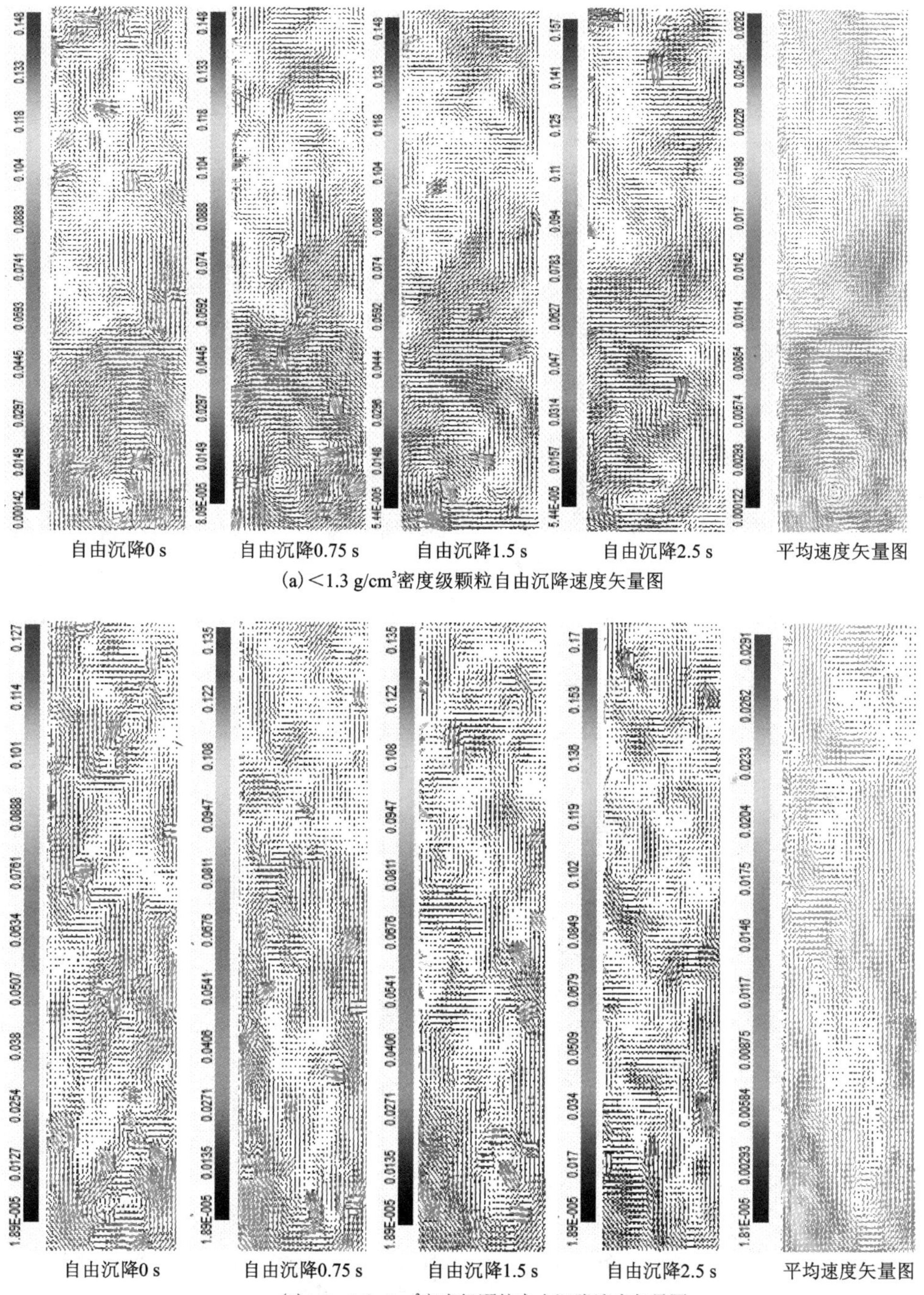

(a) <1.3 g/cm³密度级颗粒自由沉降速度矢量图

(b) 1.3～1.5 g/cm³密度级颗粒自由沉降速度矢量图

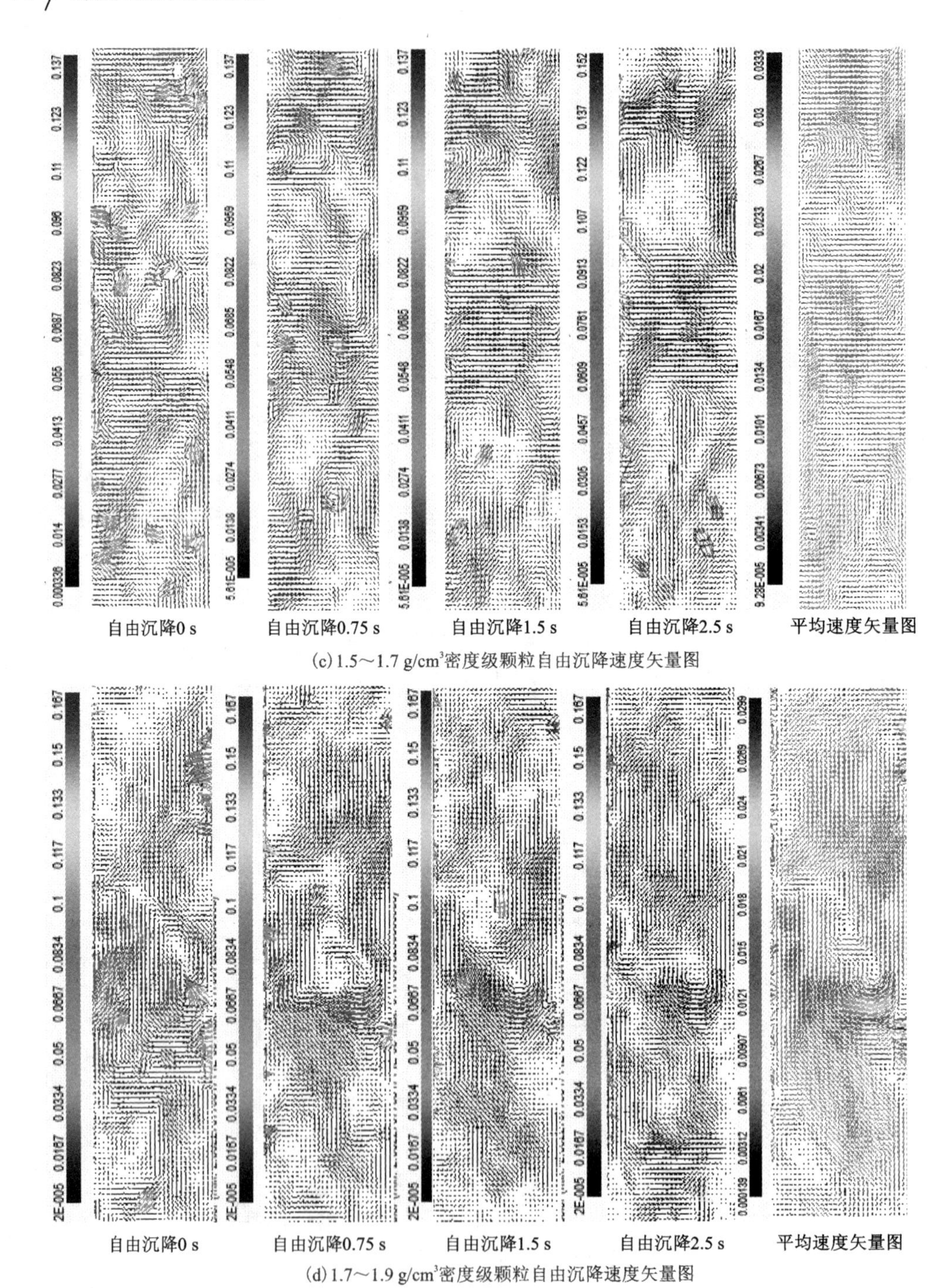

(c) 1.5～1.7 g/cm³密度级颗粒自由沉降速度矢量图

(d) 1.7～1.9 g/cm³密度级颗粒自由沉降速度矢量图

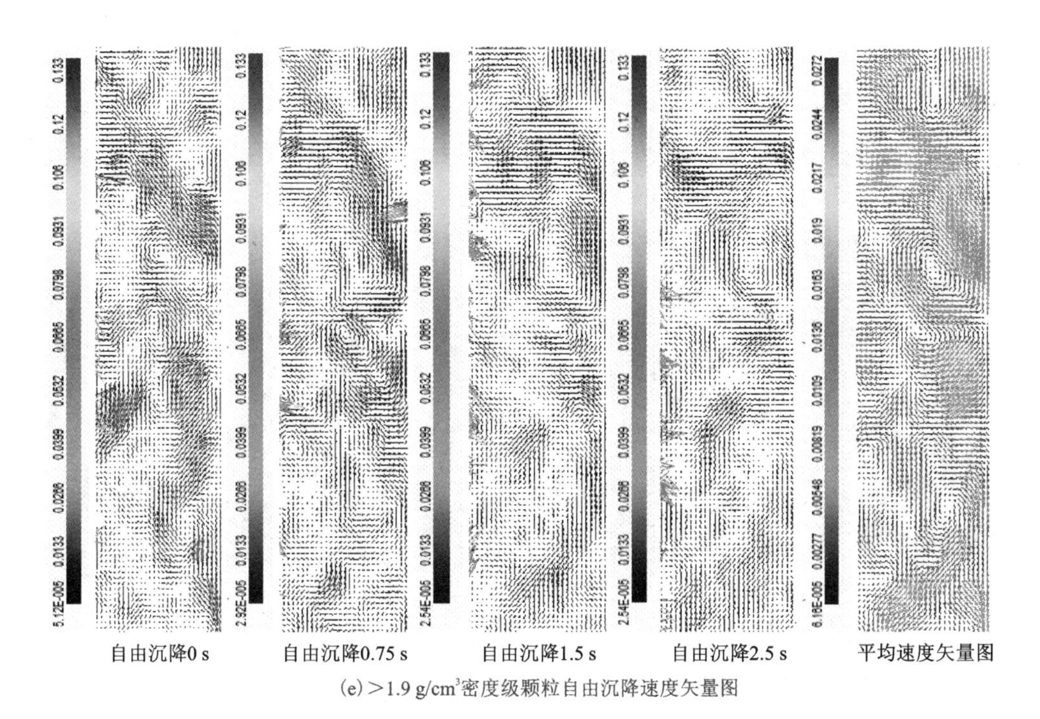

(e) >1.9 g/cm³密度级颗粒自由沉降速度矢量图

图4-10　不同浓度矿物颗粒自由沉降速度矢量图

结果见图4-11，不同粒度级煤样的沉降速度梯度差异较大，<1.3 g/cm³、1.3~1.5 g/cm³、1.5~1.7 g/cm³、1.7~1.9 g/cm³、>1.9 g/cm³ 密度级颗粒的速度梯度分别为2.4 m/s²、3.7 m/s²、4.3 m/s²、3.6 m/s²、3.1 m/s²，由此可以看出，密度级升高的同时，固体颗粒的沉降速度差异增大，<1.3 g/cm³ 颗粒基本为纯煤颗粒，沉降速度不受密度的影响，因而速度梯度较小，随着密度级的升高，矿物质成分增加，导致沉降速度出现较大差异，速度梯度增大，密度继续增大，矿物质成为主要成分，一方面黏土类矿物由于其自身的片状结构沉降速度较慢，另一方面增加煤/水体系黏度的同时还会对快速沉降的颗粒产生一定的拖拽作用，从而降低了系统中的速度梯度。

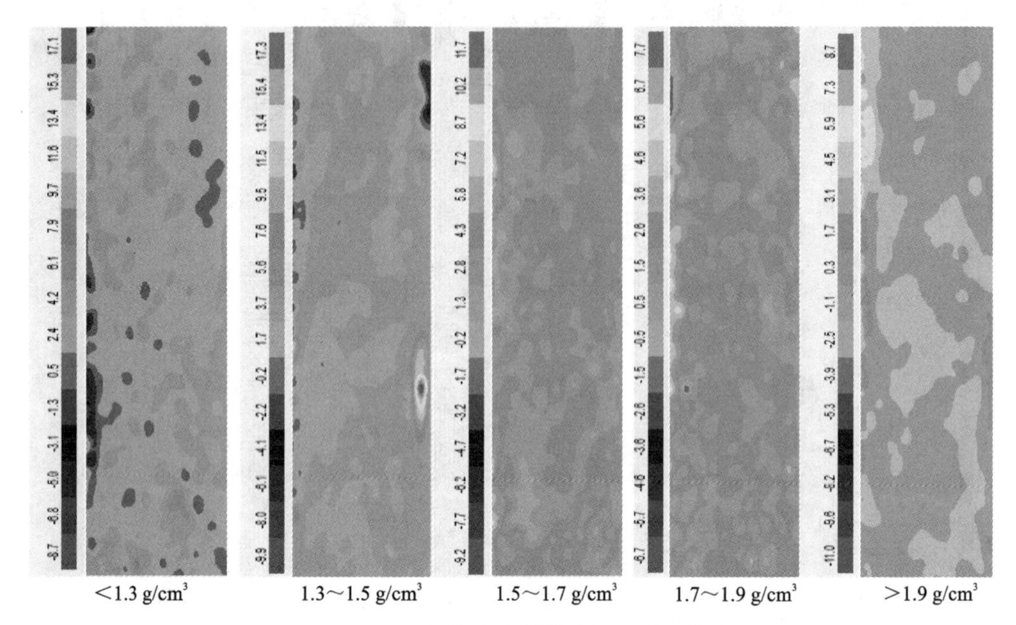

图 4-11 不同粒度级煤样的沉降速度梯度

4.4 不同矿物含量煤样的沉降脱水性能研究

4.4.1 煤泥水絮凝最佳药剂制度的确定

分别将分子量为 800 万的阴离子絮凝剂、阳离子絮凝剂、非离子絮凝剂和双性离子型絮凝剂与去离子水配制成 0.1%的絮凝剂溶液，对该混合密度级原煤样的煤泥水进行絮凝沉降试验，结果见图 4-12。

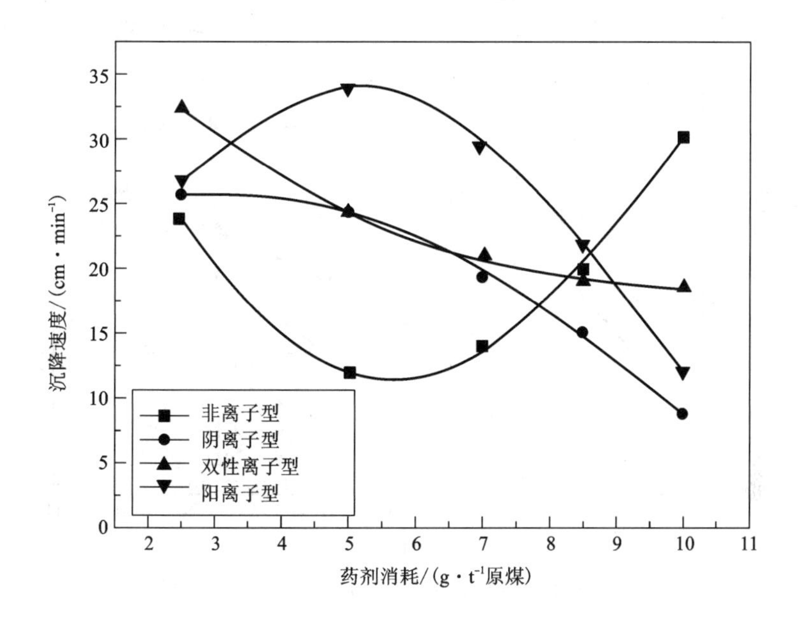

沉降速度/(cm·min⁻¹)
0
5
10
15
20
25
30
35
2
3
4
5
6
7
8
9
10
11
非离子型
阴离子型
双性离子型
阳离子型
药剂消耗/(g·t⁻¹原煤)

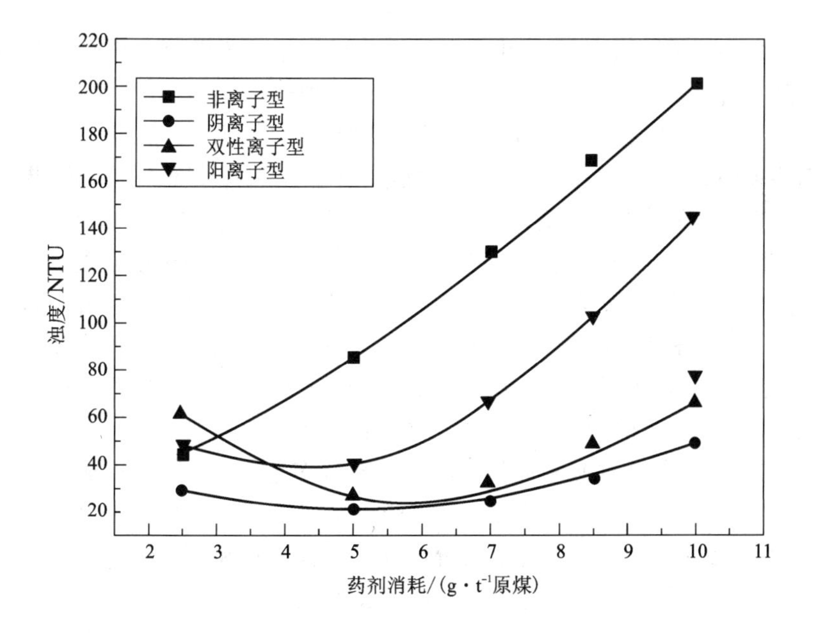

浊度/NTU
20
40
60
80
100
120
140
160
180
200
220
2
3
4
5
6
7
8
9
10
11
非离子型
阴离子型
双性离子型
阳离子型
药剂消耗/(g·t⁻¹原煤)

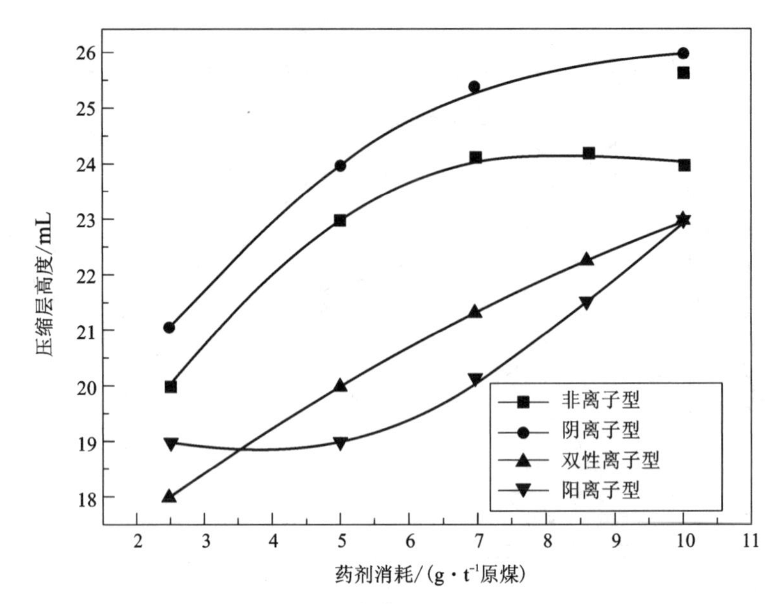

图 4-12　不同类型絮凝剂作用下原煤样沉降试验效果图

由图 4-12 沉降试验可以看出：原煤样仅添加絮凝剂即可获得较好的沉降效果，煤泥水的沉降速度及浊度相差不大，但是阴离子絮凝剂在使用过程中效果最为稳定，上清液的浊度变化较小。当阴离子絮凝剂的药剂用量为 5 g/t 煤泥时，沉降速度约为 0.0042 m/s，浊度为 22NTU，絮团的压缩层最低，压实效果较好。

将沉降后的煤泥水全部缓慢混匀后倒入真空过滤装置进行脱水性能测试，所得试验结果见表 4-7。由图 4-13 和图 4-14 可以看出，阴离子型絮凝剂不仅能够提高煤浆的过滤速度，而且可以降低一定的滤饼水分。原因在于絮凝剂在物理吸附（静电作用、偶极吸附作用、范德华力作用和疏水作用）和化学吸附（化学键、配位键和氢键）共同作用下在颗粒—水界面上形成多点吸附。非离子型絮凝剂由于其表面没有特殊的化学活性基存在，选择性较差，絮凝剂分子在溶液中多呈弯曲扭转状态，在颗粒表面吸附后伸向溶液的部分多呈环状，因此形成小而密实的絮团，沉降速度较慢，滤饼水分偏高；阴离子型絮凝剂分子中带有可解离的高活性的官能团，吸附过程中有氢键、共价键和配位键的作用，因而不受颗粒表面电性质的影响，具有更强架桥絮凝能力，所得絮团疏松稳定；阳离子型絮凝剂在颗粒表面的吸附具有中和表面电荷、压缩双电层的作用，相同分子量下其架桥作用优于其他类型絮凝剂，产生的絮团大而密实；双性离子型絮凝剂同阳离子型作用相似。过量絮凝剂形成较大的絮团，絮团中同时携带包裹了大量水分，在过滤过程中导致滤饼透气性变差，最终影响过滤效果。

表 4-7　不同絮凝剂作用下煤浆的脱水效果

药剂类型	药剂用量/($g \cdot t^{-1}$)干煤泥	过滤时间/s	过滤速度/($mL \cdot s^{-1} \cdot cm^{-2}$)	滤饼全水分/%
非离子型絮凝剂	25	95.2	2.64	23.77
	50	86.7	2.90	21.52
	70	91.4	2.75	21.25
	85	97.4	2.58	21.68
	100	106.9	2.35	22.81
阴离子型絮凝剂	25	89.4	2.81	20.88
	50	66.1	3.80	20.19
	70	67.9	3.7	20.6
	85	76.9	3.27	21.2
	100	96.3	2.61	23.59
双性离子型絮凝剂	25	93.1	2.70	21.94
	50	82.5	3.04	21.02
	70	91.4	2.75	21.7
	85	106.0	2.37	23.2
	100	137.3	1.83	25.31
阳离子型絮凝剂	25	84.2	2.98	21.94
	50	78.5	3.20	22.37
	70	87.9	2.86	23.4
	85	106.0	2.37	24.7
	100	143.9	1.74	26.17

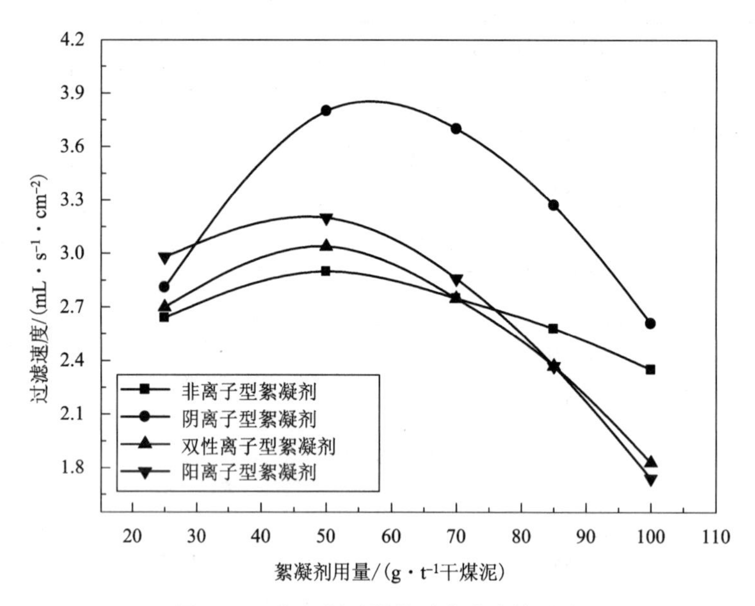

图 4-13　絮凝剂对煤浆过滤速度的影响

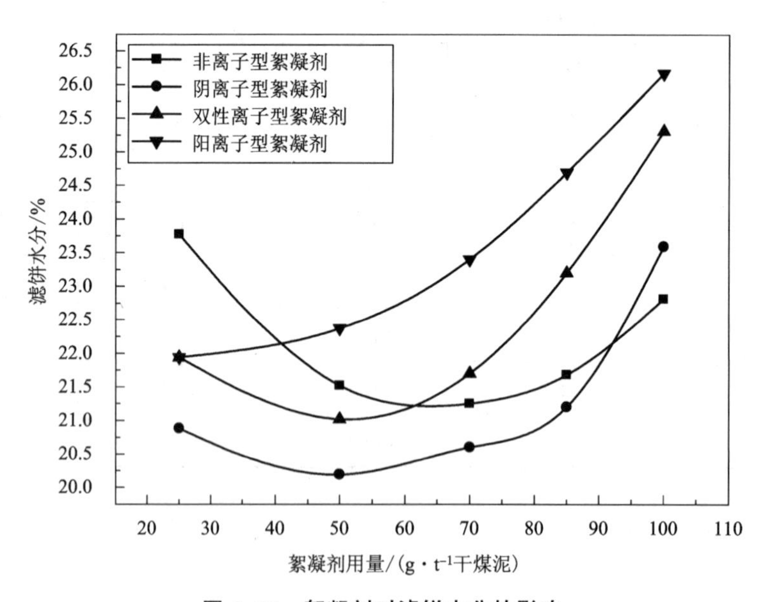

图 4-14　絮凝剂对滤饼水分的影响

4.4.2　不同矿物含量煤样的沉降脱水规律

根据 4.4.1 中确定的最佳药剂制度对不同密度级的样品进行沉降脱水试验，结果见图 4–15、图 4–16。由不同密度级煤样的沉降效果规律可以看出，在相同药剂制度下随着密度级升高，煤泥水的沉降速度逐渐下降，上清液浊度先增大后减小，原因在于密度增大，矿物质成分增加，难处理的黏土类矿物质增多，因而浊度变大，但是试验是按相同质量固体物浓度配制的煤泥水样品，所以当密度增大的同时，固体物颗粒有所减少，煤泥水沉降相对容易一些。在沉淀后煤浆的脱水试验中也看到了相似的规律，滤饼水分先增大后减小。因此认为该煤泥的沉降与脱水效果具有一致性。

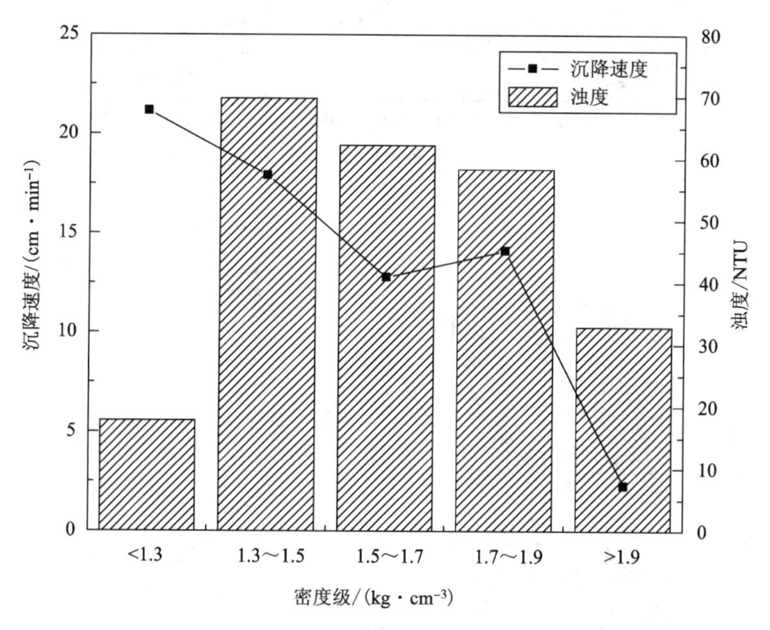

图 4–15　不同密度级煤样沉降效果图

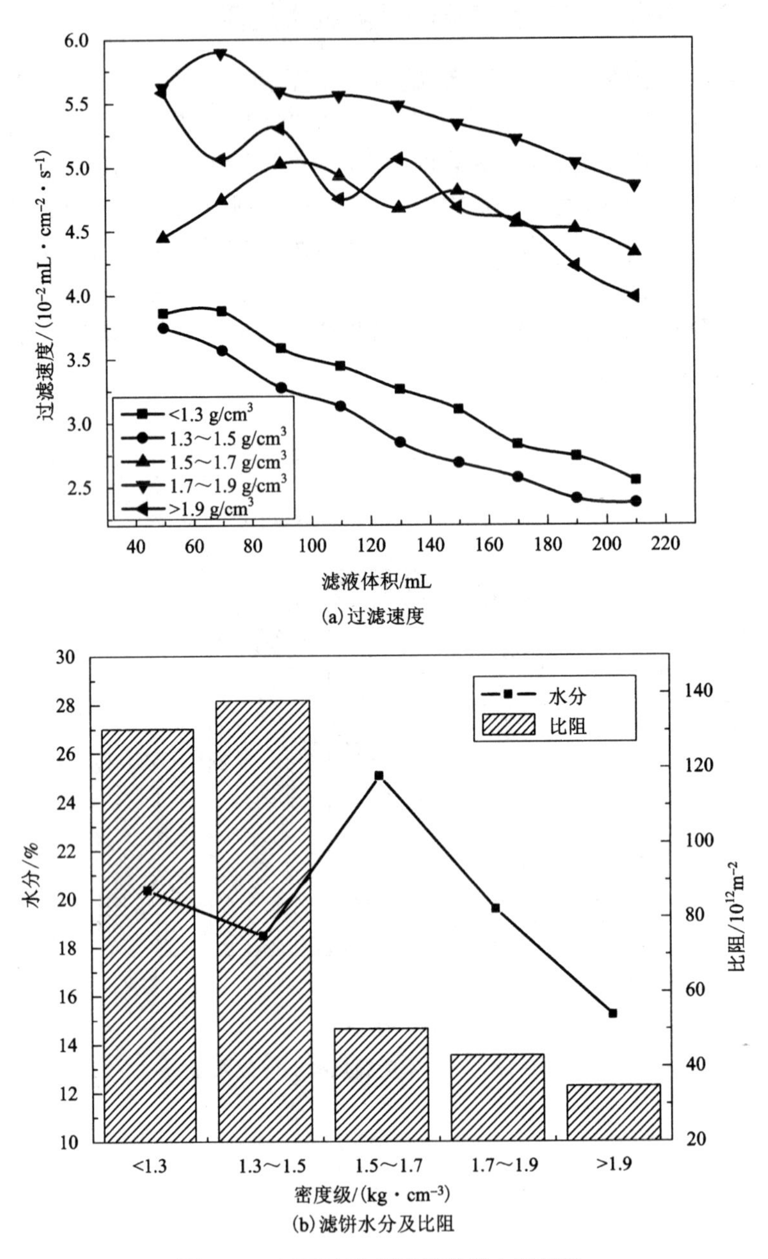

(a) 过滤速度

(b) 滤饼水分及比阻

图 4-16　不同密度级煤样的脱水效果图

4.5　不同矿物含量煤样活化性能分析

4.5.1　样品吸水性测试

称取 5 g 不同密度级样品平铺于 35 mm×70 mm 称量瓶中，将其置于恒温恒湿箱中(设定温度 25℃，湿度 90%)，间隔一定时间测定样品的质量变化，计算其吸水率。

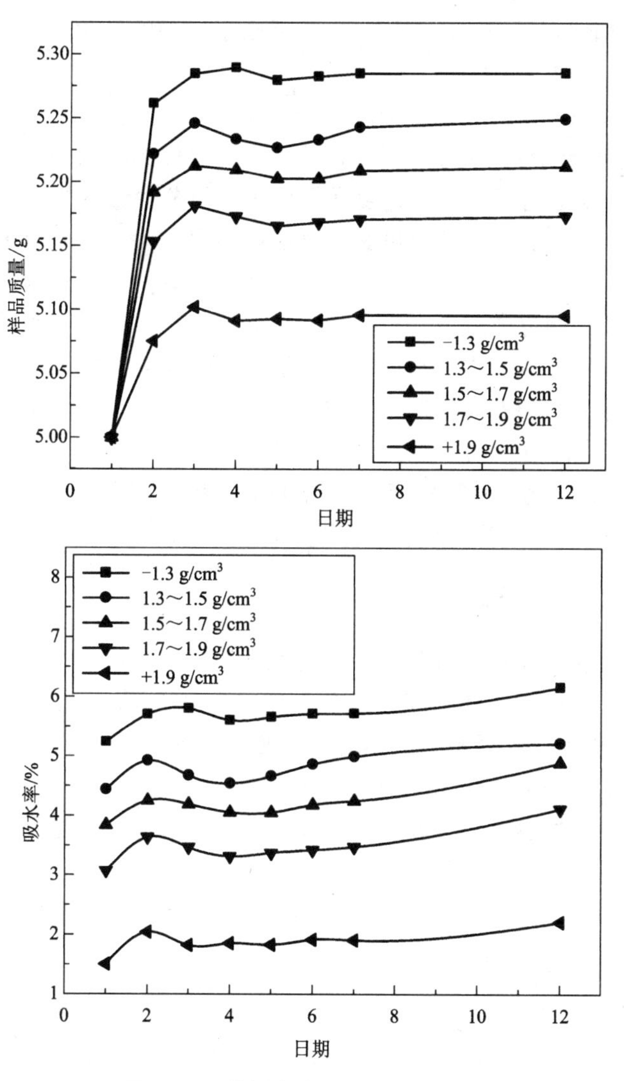

图 4-17　煤样密度对吸水率的影响

由图4-17可以看出，不同密度级煤样吸水率的规律基本一致，除-1.3 g/cm^3密度级外，其余样品在试验的第三天吸水量最大，为饱和值。随着样品放置时间的延长，样品在少量水存在条件下发生了氧化水解反应，煤中的脂肪 $C_{ar}—C_{ar}$ 键连有亲电子的活性基团(—OH，—O—，C ═O)因水解而断裂，放出热量，反应式如下：

$$\underset{\underset{\displaystyle OH}{\|}}{—C}—C— \xrightarrow{H_2O(OH^-)} \underset{\underset{\displaystyle O}{\|}}{—CH^+}—HC—OH$$

所以在饱和值之后质量略有下降。随后由于样品的氧化，吸水性增加，质量又不断增加。

煤炭中的无机组分通常以离散的内包矿物、可溶盐、存在于颗粒表面可离子交换的羧酸盐官能团中的金属离子等形式存在。煤样的吸水率随矿物含量增大而减小主要有两方面因素造成：一是煤样中矿物质组分含量升高，导致煤中有机组分降低，且具有较强吸水性的有机酸性官能团数量减少，从而吸水性下降，另一方面煤中矿物组分与水分子的结合能力较有机组分差。在吸水第3天出现一个比较明显的拐点，表明煤颗粒表面与水分子的第一层吸附接近饱和后，第2层吸附才开始进行。吸水前期，水分子首先吸附于煤表面含氧官能团上，含氧官能团是其主要的吸附点位，随着吸水时间的增加，煤颗粒表面开始发生多分子层吸附，吸附层数不断增加，吸附量也逐渐增大。煤对水分子的吸附本质上是由于水分子与煤表面分子相互吸引的结果。矿物含量较高的煤样吸水性较弱，说明矿物含量的增加使得煤表面与水分子结合力下降。

4.5.2 红外光谱分析

采用红外光谱对不同密度级样品进行表面官能团分析，由图4-18可以看出，3650~3600 cm^{-1} 处的自由羟基峰随着密度级的升高逐渐增强，变得尖锐，表明样品中的含氧基团(—OH 羟基)逐渐增加，3000~2850 cm^{-1} 处 C—H 伸缩振动峰，几乎没有变化，1750~1700 cm^{-1} 处和 1675~1640 cm^{-1} 处 C ═O 和 C ═C 键稍有增多，样品的稳定性变差，1300~1000 cm^{-1} 处 C—O、C—N 键明显增加，样品的疏水性迅速下降。

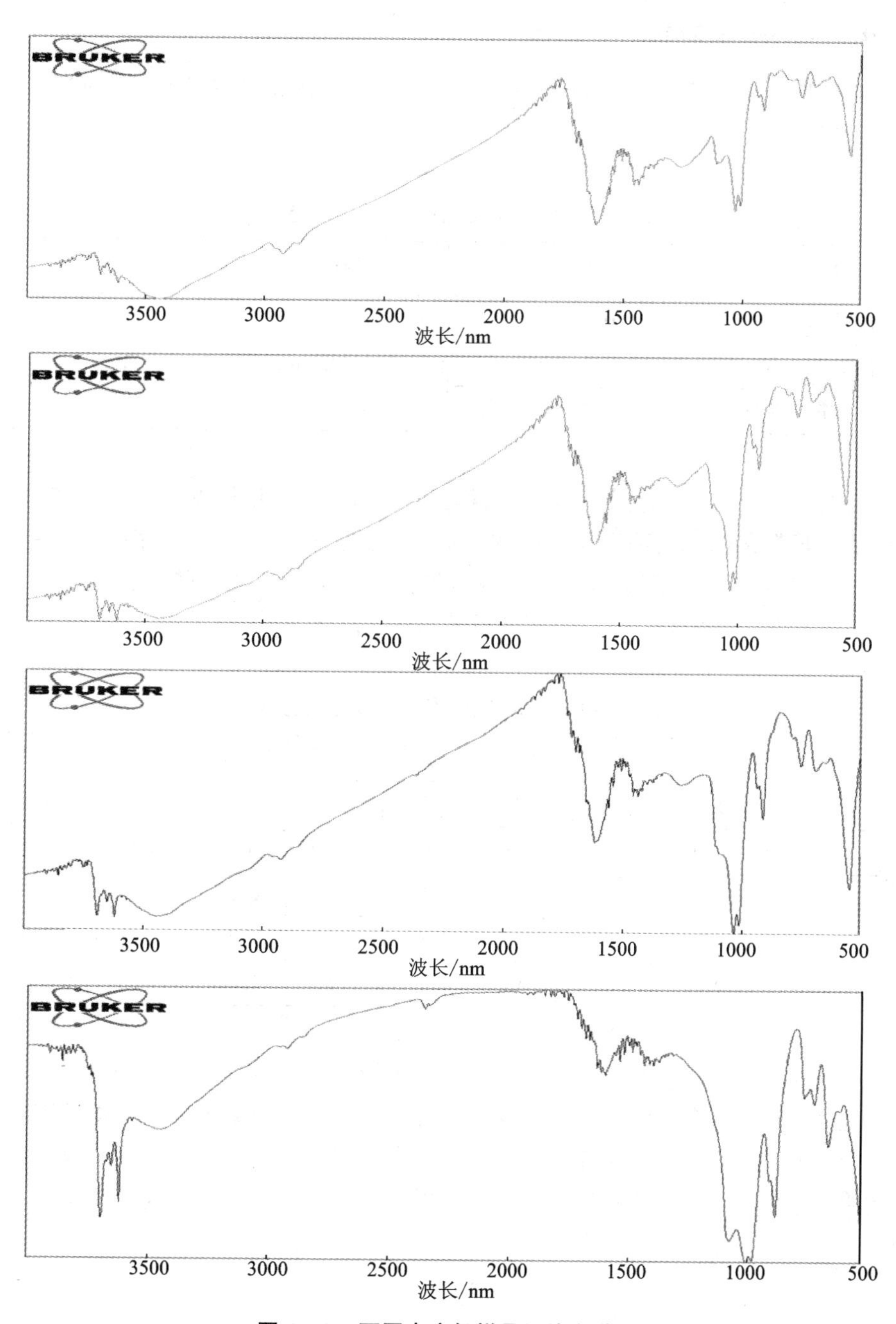

图 4-18　不同密度级样品红外光谱图

4.5.3 热重分析

采用 HCT-1 型热重分析仪对不同密度级空气干燥基样品的热解性质进行分析，工作参数见表 4-8。

表 4-8 HCT-1 型热重分析仪工作参数

项目	参数	项目	参数
升温速率/℃/min	0.1~80	温度准确度/℃	0.1
温度范围/℃	室温~800	天平灵敏度/μg	0.1
天平承重范围/mg	1~200		

由图 4-19 可以看出，不同密度级样品均在 420℃质量损失明显，在 450℃达到极值，即着火点。五种样品中的物质成分一致，只是在含量上存在一定差异。由表 4-9 可以看出，煤炭在 800℃前的质量损失多为有机质的热解，因此相同温度下随着密度级的升高，样品的质量损失率逐渐降低。

表 4-9 不同密度级样品失重质量分数 %

密度级/(g·cm^{-3})	200	300	400	500	600	700
<1.30	1.08	1.24	2.67	16.26	22.31	26.15
1.30~1.50	0.88	1.04	1.70	11.65	18.15	23.11
1.50~1.70	0.60	0.10	0.71	6.00	11.91	16.70
1.70~1.90	0.86	0.88	1.00	4.74	11.68	16.82
>1.90	0	0	0	2.01	7.62	9.72

因此对于不同矿物质含量的煤泥，其脱水效果与吸水性和润湿热相关，吸水性越强，润湿热越高，则煤浆过滤效果越好，反之过滤效果越差，主要原因在于煤样中主要成分仍为有机显微组分，亲水性官能团的种类与数量是影响煤样的脱水效果的主要原因；而随着矿物质含量的增加，煤泥水的沉降速度整体呈现下降趋势，沉降速度降低，煤浆的过滤效果也将明显下降。

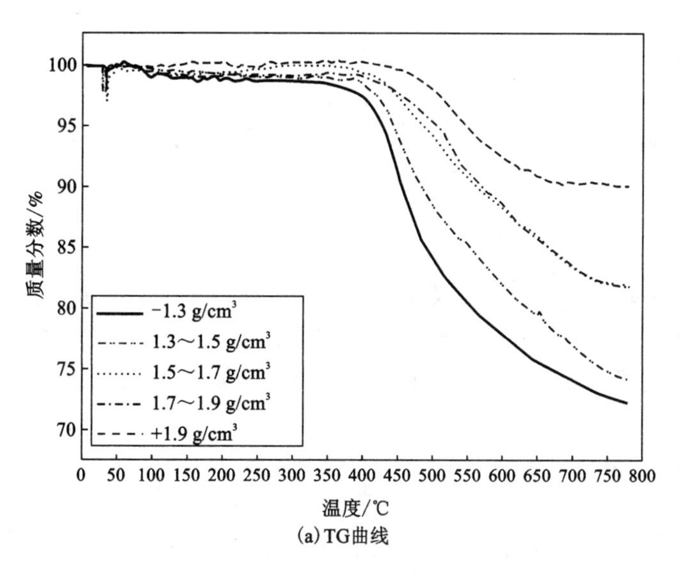

(a) TG曲线

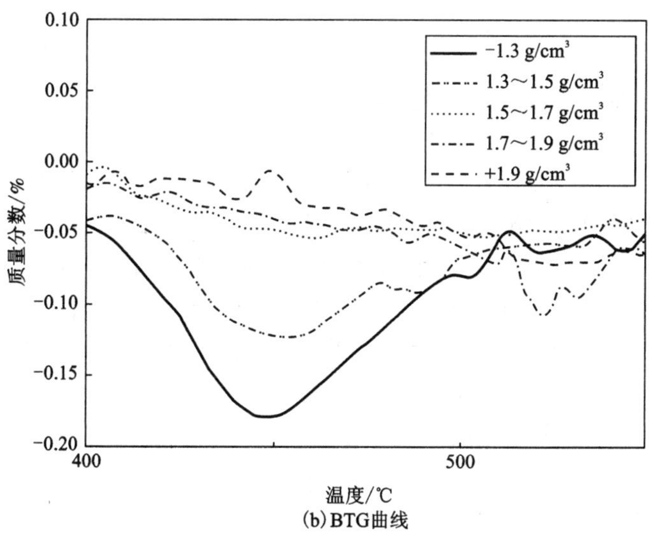

(b) BTG曲线

图 4-19　不同密度级样品 TG-DTG 曲线

第 5 章 细粒氧化煤沉降脱水规律研究

随着综采机械化的推进，煤炭的采出量越来越大，大量变质程度较低的烟煤通过露天开采或矿井开采后长时间堆放在空气中。这些煤样变质程度较低、样品中的毛细孔道较为发达，表面还带有大量活性官能团，因此很容易与空气中的氧气氧化，从而发生一系列物理化学变化，导致煤的疏水性降低、颗粒逐渐崩解碎裂呈微细颗粒，影响了煤炭的浮选、沉降、脱水等处理环节。本章以 H_2O_2 为氧化剂，根据氧化煤粒度组成、矿物组分及表面官能团及 Zeta 电位等基本性质，选择合理的煤泥处理方法实现低阶氧化煤的高效处理对选煤厂实际生产具有非常重要的理论指导意义。

5.1 试验最佳条件探索

首先称取 15 g 的原煤样与适量的去离子水配成浓度为 60 g/L 的煤泥水，然后对其进行自然沉降试验，时间间隔设置为 5 min，每组试验样品记录 12 次数据，观察试验中煤泥水在 1 h 内的自然沉降状况。煤泥水澄清液面随时间的变化见图 5-1，上清液浊度变化规律见图 5-2。由图 5-1、图 5-2 可以看出：该煤泥水自然沉降过程中，上清液的浊度缓慢下降，煤泥颗粒之间不会发生黏合现象，且其形状、粒径及密度值等都保持不变。因此该煤泥水属于极难沉降的煤泥水，而在实验进行 15 min 以后沉降速度的数值变化很小，由斯托克斯沉降公式可知煤泥水的沉降速度与煤粒直径的平方成正比关系，所以煤泥水中的煤粒粒度越小则沉降速度就会越慢，这主要是因为颗粒之间存在的斥力逐渐增大，并形成较稳定的高浓度煤泥悬浮液，从而也导致沉降试验的上清液比较浑浊。将沉降后的煤浆进行真空过滤脱水，最终过滤时间为 112.1 s，滤饼全水分为 24.18%，过滤速度和过滤比阻分别为 2.24 $mL/s \cdot cm^2$ 和 8.7×10^{13} m^2。

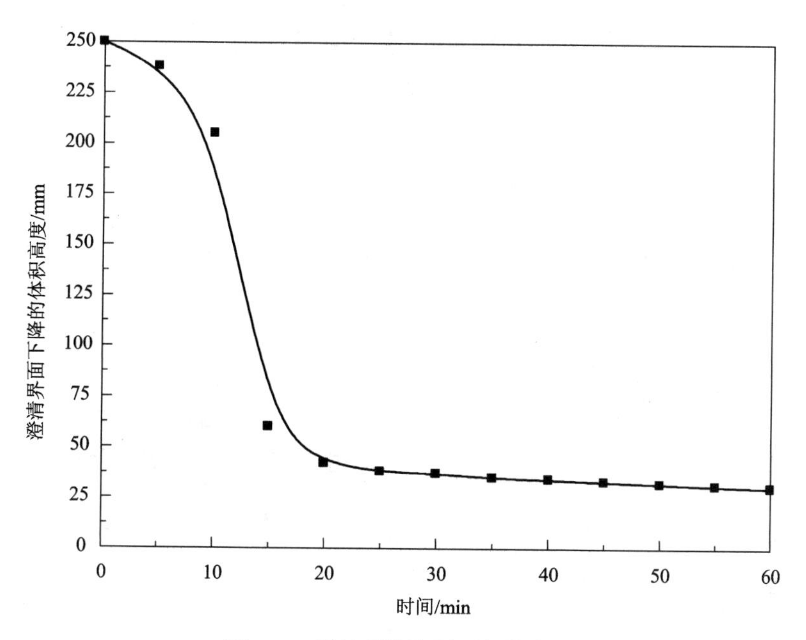

图 5-1　澄清界体积随时间的变化

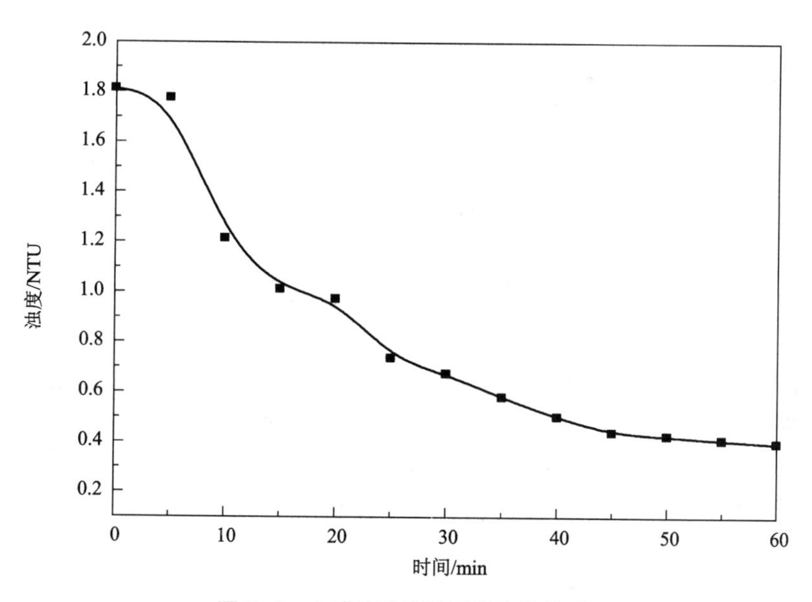

图 5-2　上清液浊度随时间变化关系

5.2 煤泥氧化对沉降脱水效果的影响

5.2.1 氧化时间的确定

向氧化后的煤浆中补加去离子水，使其固体物浓度达到 60 g/L。将氧化煤浆倒入沉降管中进行沉降，在相同药剂用量下获得阴离子型絮凝剂对该煤泥水的沉降作用曲线，见图 5-3。

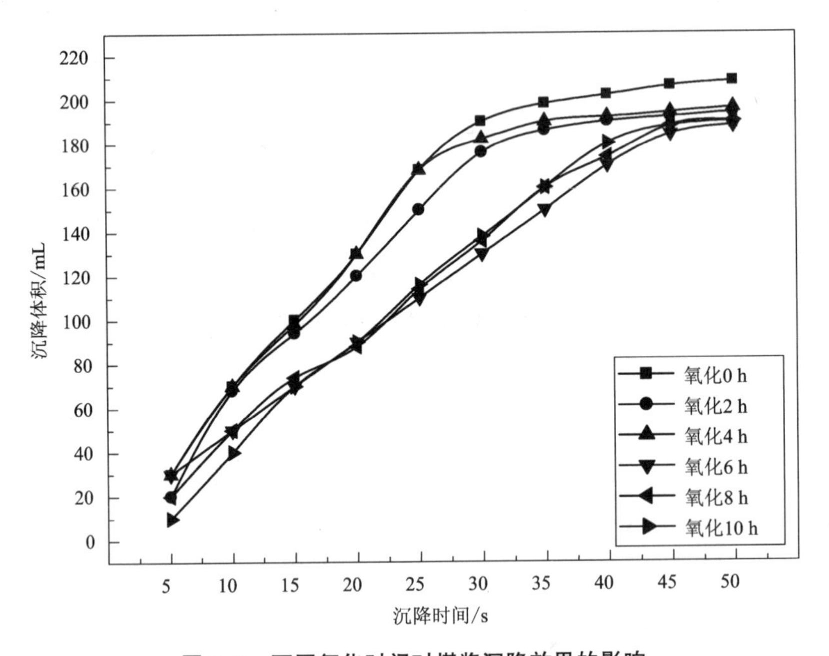

图 5-3 不同氧化时间对煤浆沉降效果的影响

由图 5-3、图 5-4 可知，在进行氧化处理后煤浆的沉降速度与前述试验相比明显变慢，氧化 6 h、8 h 和 10 h 后煤浆的沉降效果相似，其上清液浊度相差也不大，说明煤泥在进行 6 h 的氧化后，氧化剂(H_2O_2)与煤浆的反应已基本完成。因此后续试验可以采用 6 h 作为最佳氧化时间。

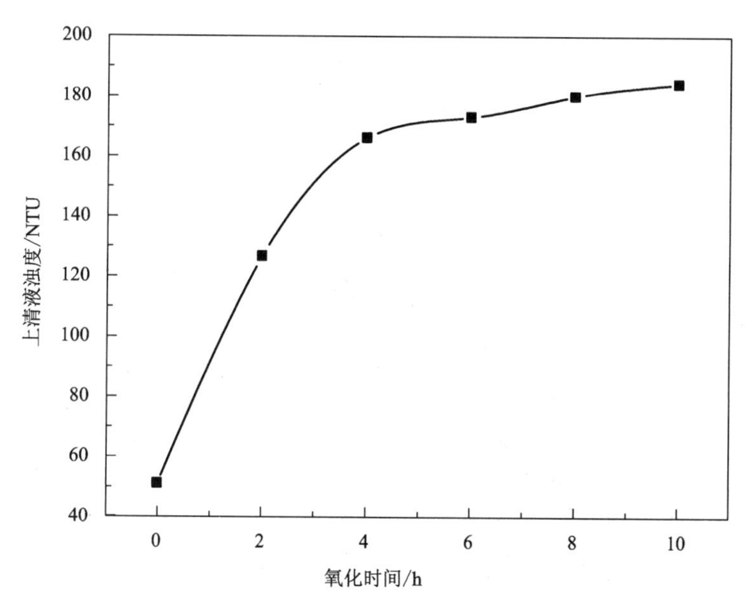

图 5-4　不同氧化时间对上清液浊度的影响

5.2.2　氧化沉降脱水试验

通过上述试验结果，最后确定了最佳试验条件：煤泥水中固体物的浓度为 60 g/L，搅拌速度为 300 r/min，搅拌及氧化一定时间后，将煤泥水倒入沉降管中进行絮凝沉降试验，絮凝剂为分子量 800 万的阴离子类型的絮凝剂，药剂用量定为 30 g/t 干煤泥。图 5-5 是使用原煤沉降，原煤搅拌 6 h 后沉降，使用浓度为 3%、9%、15%、21%、27%双氧水溶液氧化 6 h 后煤泥水的絮凝沉降速度的变化曲线，其氧化度分别为 0%，0%，18.06%，49.76%，70.23%，80.95%，85.66%。

从图 5-5 中可看出，原煤与搅拌 6 h 的原煤沉降速度曲线几乎重叠，因此可以看出机械搅拌对煤颗粒的粒度组成影响较小。使用双氧水氧化后煤浆的沉降速度一致下降，且随着氧化程度的加深，煤泥水的沉降效果明显变差，上清液浊度直线上升。同时在氧化过程中，氧化度达到 80%以后煤浆在剧烈放热的同时还产生了大量气泡。图 5-6 为澄清液浊度随氧化度的变化。

对沉降后的煤浆进行脱水试验，所得试验结果如图 5-7、图 5-8 所示，原煤脱水与搅拌 6 h 后原煤脱水几乎没有变化，而随双氧水浓度增大，完成氧化后煤泥中的微细煤粒含量明显增加，导致脱水效果明显变差。滤饼水分也随着氧化程度的加深而呈现增长趋势，最高水分可由未氧化的 21.76%增加到 25.27%，过滤时间则由 102.8 s 增加到 620.1 s，极大地影响了煤泥的脱水处理效果。

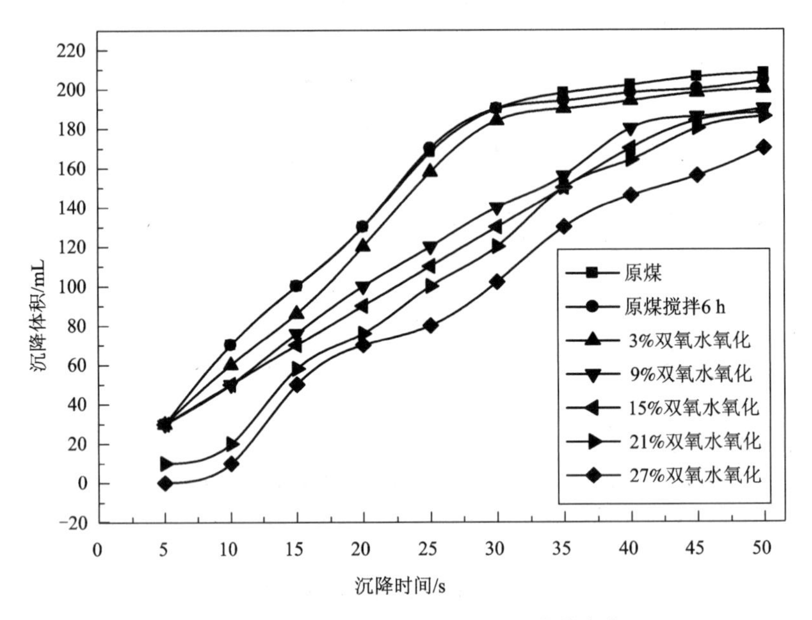

图 5-5　沉降速度随双氧水氧化用量的变化

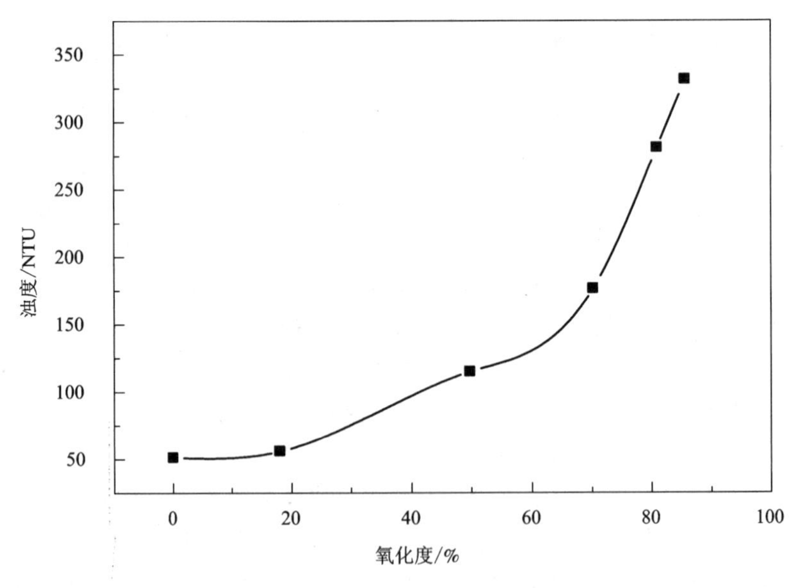

图 5-6　澄清液浊度随氧化度的变化

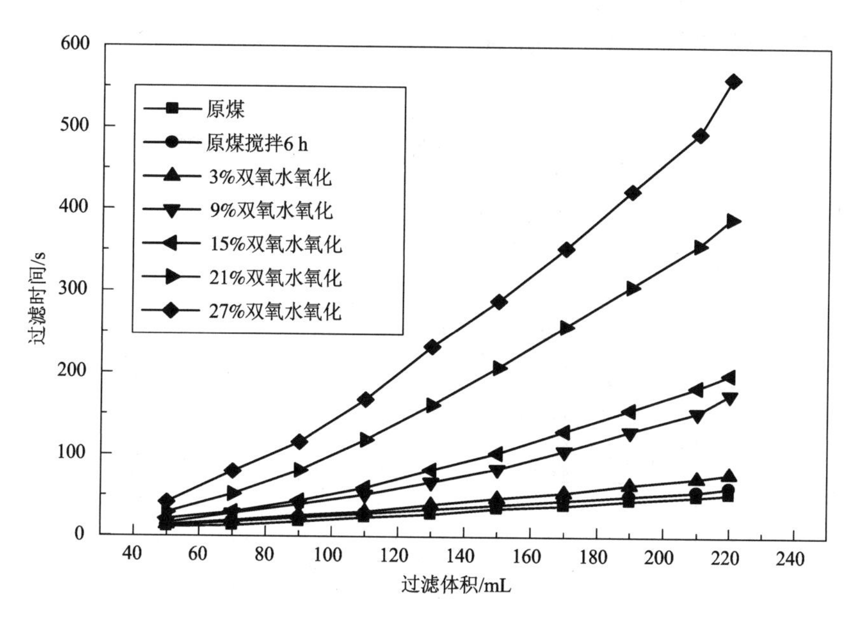

图 5-7　煤浆过滤脱水效果随双氧水用量的变化

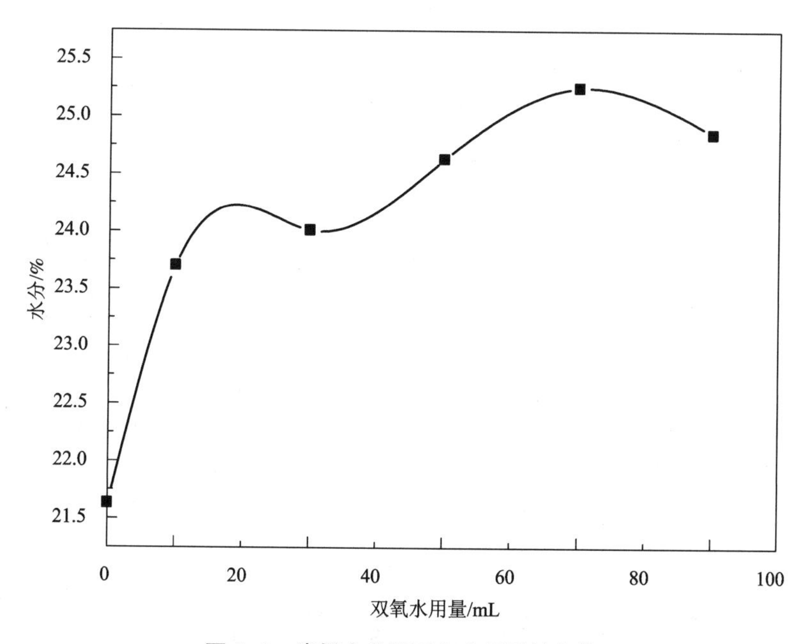

图 5-8　滤饼水分随双氧水用量的变化

5.3 氧化试验结果分析

5.3.1 氧化作用对煤泥粒度的影响

分别取少量不同氧化时间的煤浆稀释至一定浓度，采用激光粒度仪对煤浆的粒度组成进行测定，测试结果见图 5-9。

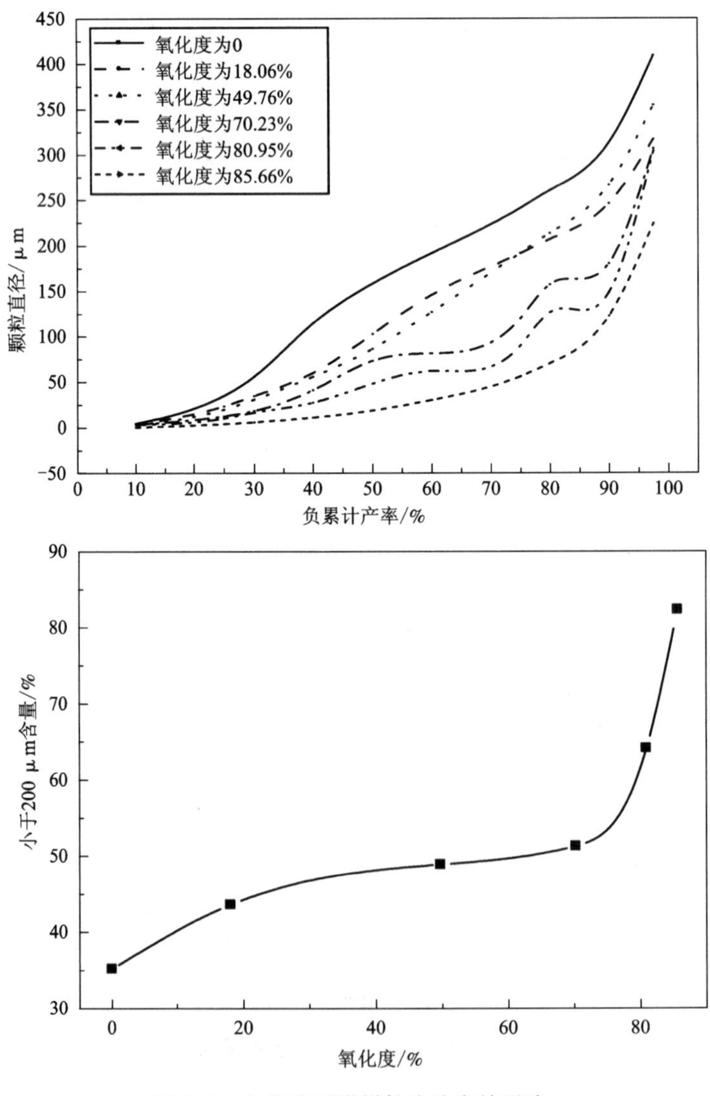

图 5-9 氧化度对煤样粒度分布的影响

由图 5-9 可知，随着氧化剂用量的增加氧化程度逐渐加深，当氧化剂用量小于 18%时，煤样处于缓慢氧化过程，氧化度低于 50%。结合图 5-10 氧化前后煤样的扫描电镜图像可以看出，煤分子表面的活性官能团及部分矿物质成分与 H_2O_2 发生反应，颗粒表面出现不同程度的沟壑或凹凸状，增加了煤粒的比表面积，加速反应的进行，颗粒开始松散、变得易碎、层层剥落，氧化反应加剧，煤样中的细粒级含量开始迅速增加。

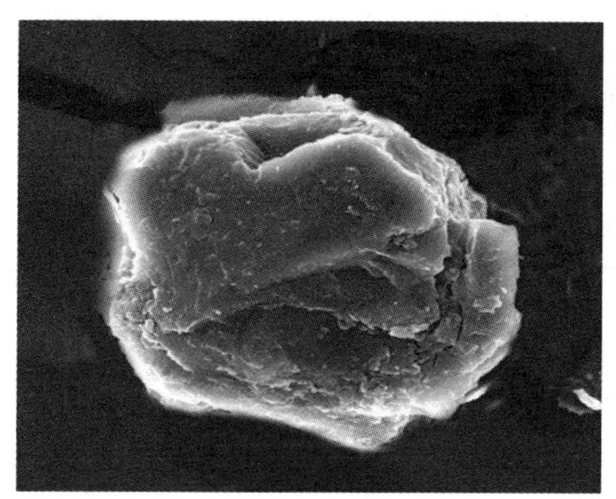

(a)新鲜煤样

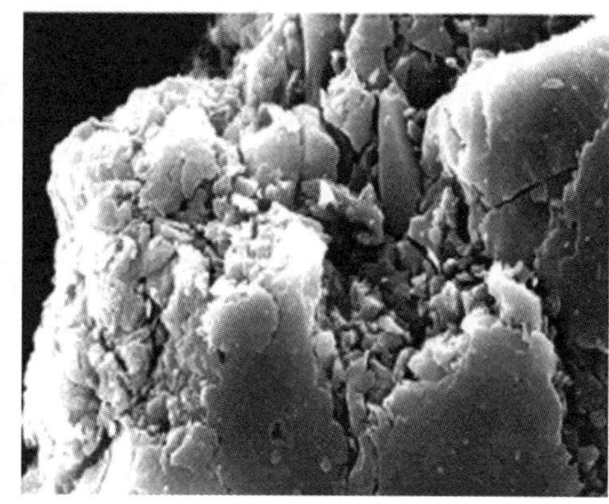

(b)氧化后煤样

图 5-10　新鲜煤样与氧化后煤样的 SEM 照片

5.3.2　氧化作用对煤泥表面官能团的影响

本部分试验主要采用化学滴定法来对氧化煤样中的总含氧官能团进行测定，具体的试验步骤如下：

(1)配制 0.1 mol/L 的 HCl 标准液，0.1 mol/L 的 NaOH 标准液，0.1 mol/L 的乙醇钠(C_2H_5ONa)的乙醇溶液；

(2)将待测煤样倒入装有乙醇钠溶液的烧杯中并使之充分混匀，待测煤样与乙醇钠溶液的体积比为 1∶2(1 g∶20 mL)，反应持续 24 h；

(3)待反应结束后，对上述混合物进行过滤脱水试验，在过滤的过程中需要用蒸馏水不断洗涤煤样，最后收集过滤出全部滤液；

(4)再向滤液中倒入等体积的稀 HCl 溶液，以中和滤液中未反应的 C_2H_5ONa 药剂；

(5)采用 0.1 mol/L 的 NaOH 标准溶液对经过(4)步骤处理的滤液进行滴定试验，用 pH 计确定滴定试验的终点，最后记录所用标准 NaOH 溶液的体积量。

按照如下关系式计算参加反应的 C_2H_5ONa 物质的量：

总含氧官能团的物质的量=反应中所消耗 C_2H_5ONa 的物质的量

反应消耗的 C_2H_5ONa：

$$n'_{C_2H_5ONa}=n_{C_2H_5ONa}+n_{NaOH}-n_{HCl}$$

其中，$n'_{C_2H_5ONa}$——反应中消耗的 C_2H_5ONa 物质的量；

$n_{C_2H_5ONa}$——所加入的 C_2H_5ONa 总物质的量；

n_{NaOH}，$EM=\dfrac{2\varepsilon\xi}{3\mu}f(\kappa\alpha)$——分别为滤液处理过程中消耗的 NaOH 及 HCl 的物质的量。

按上述测量方法测得不同氧化条件下氧化煤样的含氧官能团数量，结果见表 5-1。

表 5-1　不同氧化条件下总含氧官能团数量

样品	原煤样	氧化剂浓度					氧化时间				
		3%	9%	15%	21%	27%	2 h	4 h	6 h	8 h	10 h
总含氧官能团数量/$(mmol\cdot g^{-1})$	0.97	1.15	1.23	1.33	1.58	1.74	1.09	1.27	1.33	1.44	1.49

通过表 5-1 可知，试验中随着所用氧化剂浓度的增大，处理后煤样的总含氧官能团物质的量也不断增加；而当氧化剂浓度值为 21%时，煤样的氧化程度会基本达到极值，总的含氧官能团数量达到 1.58 mmol/g；随着氧化反应时间的延长，试验煤样的氧化程度也在逐步加深，且当氧化反应的时间为 6 h 时，煤样的氧化程度基本达到极值。此外，氧化剂浓度为 21%时，氧化 6 h 的煤样结果同氧化剂浓度为 15%，氧化时间为 10 h 的效果相近，氧化度达到 80%。

1）傅立叶红外光谱分析

将氧化后并经过沉降脱水处理后的煤样进行研磨压片，对其进行红外光谱分析，不同氧化条件下煤样的红外光谱分析见图 5-11。

从图 5-11 看出：3700~3600 cm^{-1} 处的自由羟基峰随着氧化度逐渐增强，变得尖锐，表明样品中的含氧基团(—OH 羟基)逐渐增加，3000~2800 cm^{-1} 处 C—H 伸缩振动峰稍有增加，1675~1640 cm^{-1} 处 C ═O 和 C ═C 键增加，样品的稳定性变差，1300~1000 cm^{-1} 处 C—O、C—N 键明显增加，样品的疏水性迅速下降。这表明随着氧化度的加深，煤样中的羰基类含氧官能团的数量有所增加，煤样中的部分环烷烃和芳烃的—CH 断裂，使煤样中原来的酚、醇首先被氧化成酯、醚中的—C—O 键，但是随着氧化程度的继续加深，酯、醚中的—C—O 键断裂，生成常见的 CO，CO_2 和 H_2O 以及其他一些稳定的羧基结构。这与煤与 H_2O_2 反应机理相符。

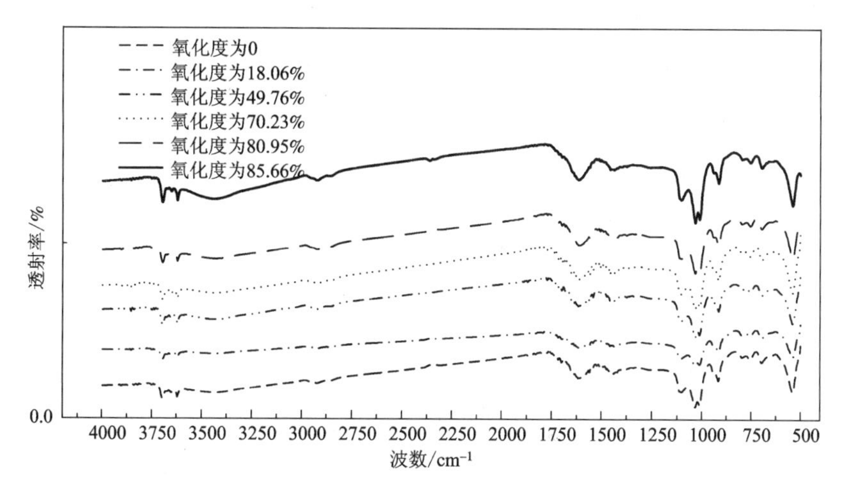

图 5-11　不同氧化剂浓度作用下氧化煤样的红外光谱图

2)煤表面润湿性的测定

由于弱黏煤变质程度较低，氧化后颗粒表面的亲水性增强，用清水进行悬滴法测定样品的接触角，水滴在煤片表面会迅速铺展开，因此将清水换成煤油进行测定，稳定后的接触角的变化趋势见图 5-12。

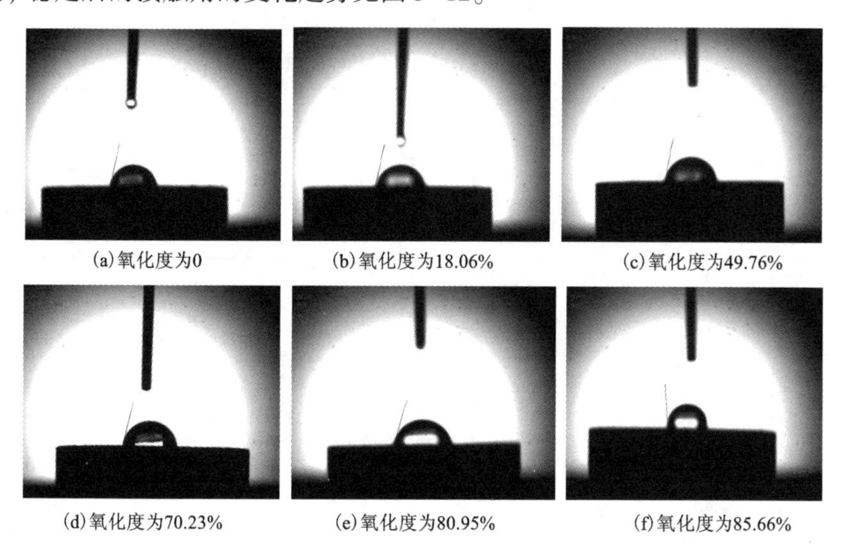

图 5-12　不同氧化度煤样的接触角变化趋势

通过图 5-12 可知，煤样经过氧化反应后，其表面基团的类型和结构会发生巨大变化，而且含氧官能团的种类及数量的增加非常明显，从而导致煤粒表面疏水性能大大降低，这就会对煤泥后续的按表面润湿性差异来进行的浮选流程以及煤泥水沉降脱水等处理工艺造成重大影响。

5.3.3 氧化作用对颗粒矿物组分的影响

采用 X 射线衍射技术对不用氧化剂煤样的矿物组成进行分析，所得矿物组分图谱见图 5-13。结合 2.1.1 中原煤样的矿物组分可以看出，该煤样中存在一定量的高岭石、蒙脱石、石英和黄铁矿，且这些矿物质对煤泥的沉降脱水效果具有重要作用，因此对这四种矿物质进行特征峰分析。

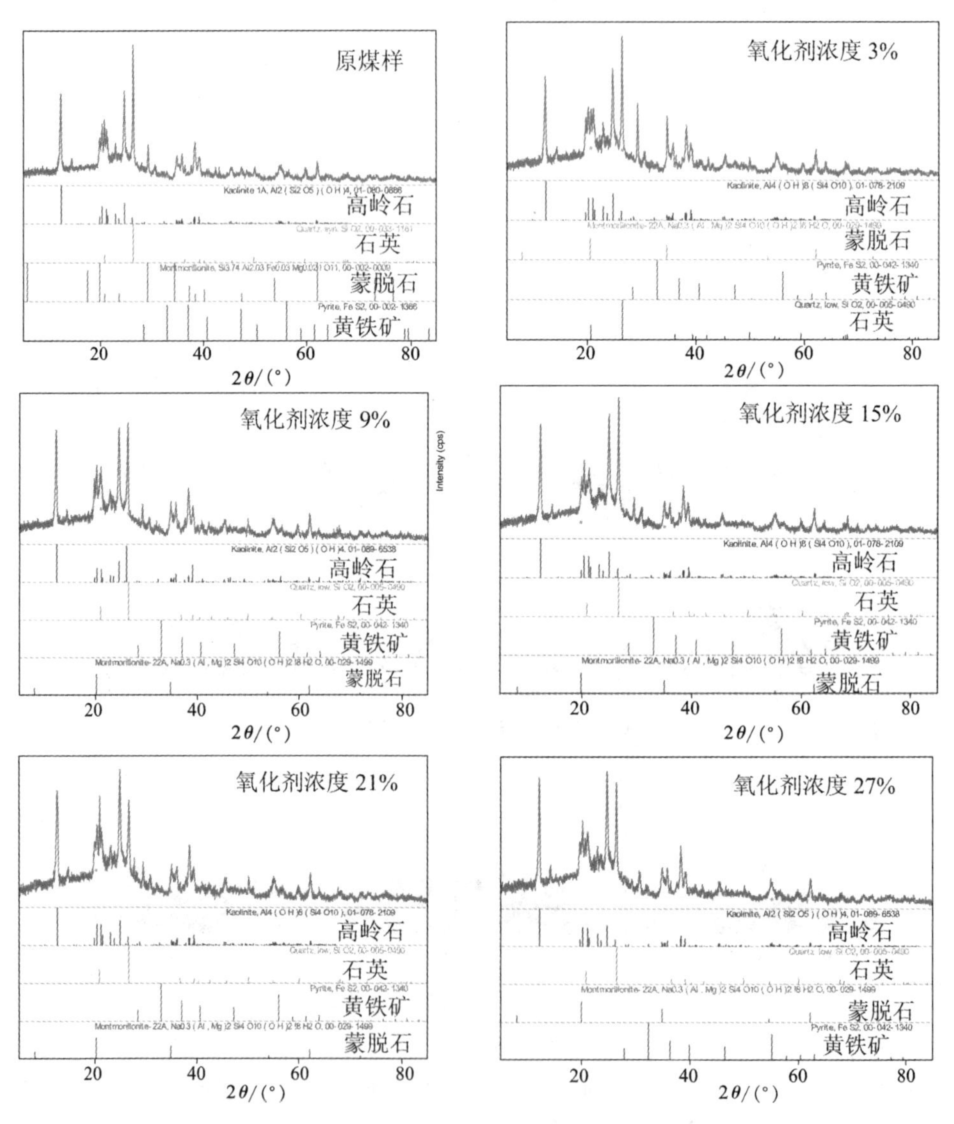

图 5-13　不同氧化剂用量煤样的 XRD 图谱

由图 5-13 可以看出，高岭石、石英的含量及晶格结构随着氧化程度的加深变化不大，蒙脱石在晶格结构上则发生很大变化，黄铁矿不仅数量减少，而且结构也有一定的变化。这一点正说明了煤炭在氧化过程中不仅有机质会参加反应，同时部分矿物质如黄铁矿、蒙脱石等也会参与其中。尽管矿物质的反应比较微小，但由于有机质含量在氧化过程中不断减少，矿物质对煤泥处理的影响就会相对增强。这也是蒙脱石会导致煤浆的沉降脱水试验效果明显变差的主要原因。

5.3.4　氧化作用对煤泥表面电性的影响

运用显微电泳技术，并且直接参照电流淌度 *EM* 来作为 Zeta 电位的衡量指标。而且试验测定的电流淌度 *EM* 与 Zeta 电位具有如下的关系式[93]：

$$EM=\frac{2\varepsilon\xi}{3\mu}f(\kappa a)$$

式中：*EM*——电流淌度；

ξ——Zeta 电位；

ε——液体的介电常数；

μ——液体的黏度系数；

a——颗粒半径；

κ——Debye-Huckel 参数；

$f(\kappa\alpha)$——修正系数。

不同氧化剂用量处理的煤泥水沉降后上清液 Zeta 电位的变化规律见图 5-14。通过结合图 5-6 中上清液的浊度变化规律可以发现，随着试验中双氧水用量的不断增加，煤泥水在完成沉降后上清液的浊度数值也会逐渐加，Zeta 电位也相应地逐渐增加，原因在于随双氧水用量增加，氧化后的煤样更易碎裂，经搅拌后煤泥表面受到层层剥离，其中的微细颗粒所占比重就会不断增加，从而导致煤浆的沉降脱水效果明显变差。

Zeta 电位是用来衡量颗粒之间相互排斥或吸引力强度关系的物理量。一般情况下，Zeta 电位的数值愈高，说明煤粒所构成的分散体系的状态愈稳定。当煤粒的粒径越小，且其 Zeta 电位数值（正或负）也越高时，那么煤泥水体系也会越稳定，也即煤粒的溶解或分散作用可以抵抗聚集作用的影响。反之，当煤样的 Zeta 电位值（正或负）越低，则煤泥水体系就越倾向凝聚在一起，这主要是因为体系的吸引力超过了存在的排斥力，导致分散体系被破坏继而发生凝聚[147]。以上测试结果表明双氧水氧化使得煤泥中的矿物质成分与有机质进行了分离，更多的矿物质成分在水中出现泥化分解，以微米级颗粒形式存在，这些矿物质成分不仅具有粒度小、质量轻、荷电量大，难以沉降的性质，而且还能够与水相发生特定的界面化学作用，从而恶化了体系中微细颗粒的沉降环境。同时煤样中所含的有机组

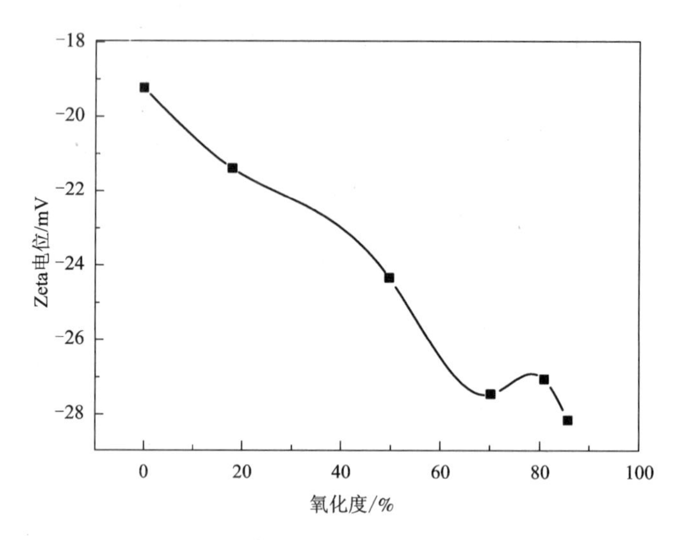

图 5-14　上清液 Zeta 电位随氧化度的变化

分也会与 H_2O_2 发生氧化反应，将煤中 R—OH、R—O—R 等含氧官能团氧化，氧化后会生成—COOH、R—OH 等新的含氧基团，使煤样中的酸性基团含量增加。

由氧化煤样的结果表征可以看出，氧化后煤泥中的矿物质成分与有机质进行了分离，更多的矿物质成分在水中出现泥化分解，呈微米级颗粒存在，不仅表现在粒度小、质量轻、荷电量大，难以沉降，而且还与水相具有一定的界面化学作用，恶化了微细颗粒的沉降环境。同时煤样中的有机成分与 H_2O_2 发生反应，氧化煤中 R—OH、R—O—R 等，氧化后生成—COOH、R—OH 等含氧基团，最终使其煤中负电性增加，酸性基团含量增加，粒度变细。

采用相同絮凝剂对不同氧化度的煤样进行絮凝沉降脱水处理发现，低阶弱黏煤的沉降速度和过滤速度与煤样的氧化度均呈直线关系，当氧化度增加，样品的沉降速度和过滤速度直线下降。上清液的浊度随氧化度的增加，呈幂函数增长，滤饼水分与氧化度呈现一元二次函数增长，氧化后期滤饼水分含量有所下降，原因在于此时样品有机组分基本已经反应完全，剩余物质大多数为稳定的矿物质，其脱水效果较好。结合图 5-14 可以看出，颗粒电动电位的增大是氧化煤含量增加的直观反映，因此可以针对颗粒电动电位及脱水效果适时调整药剂制度，加强对氧化煤煤泥的沉降脱水处理。

第 6 章　高分子絮凝剂对沉降特性及脱水效果的影响

絮团特性包括絮团的粒度、沉降速度、有效密度等多方面内容，各特性之间有区别但又相互关联，如絮团粒度主要与颗粒组成、药剂制度、紊动强度等因素有关，沉降速度主要由絮团粒度和密度决定，絮团强度与絮团结构、密度、絮凝机理等因素有关。PIV 系统中的高速 CCD 相机可以将絮凝剂与悬浮液在不同条件下絮凝形成的絮团作为粒子图像进行连续跟踪拍照，对絮团结构和特性进行表征和测量，将沉降过程中絮团运动特征表征出来，考察药剂制度对絮团的生长和絮团特性的影响。

6.1　高分子絮凝剂对絮团粒度的影响

6.1.1　絮凝剂对絮团粒度的影响

将浓度均为 0.1% 的阳离子型絮凝剂、阴离子型絮凝剂和非离子型絮凝剂形成的煤泥絮团用平头吸管吸出，并放置于沉降容器内使其自由沉降，利用 PIV 对絮团进行连续拍照，将 CCD 相机连续获取的 5 帧图片导入 Image J 软件中，利用 PTV（颗粒追踪测速）算法进行粒度统计。不同类型的絮团沉降效果如图 6-1 所示，絮团的形貌及粒度分布如图 6-3 所示。

加入絮凝剂之后，煤泥颗粒在一定的物理、化学作用下，经过接触、碰撞，形成大小各异的絮团甚至絮网，絮团整体发育良好。由图 6-2 可知，阴离子型絮凝剂产生的絮团较小，且数量较少，悬浮液中存在大量漂浮粒子；阳离子型絮凝剂和非离子型絮凝剂所产生的絮团较大，且均匀稳定，煤泥水中的大部分颗粒均可以被网捕沉降下来。阳离子型絮凝剂产生的絮团粒度主要分布在 0.2~0.4 mm，0.4~0.6 mm 和 0.6~0.8 mm 三个区间，絮团的平均粒度较大，可以达到 0.83 mm，絮团最大粒度为 2.41 mm。说明颗粒在聚丙烯酰胺高分子链的吸附作用下形成较大的网状絮团。非离子型絮团粒度分布范围较广，分布在 0.2~0.4 mm 的比例明显高于其他区间，0.4~0.6 mm 和 0.6~0.8 mm 的次之，絮团的

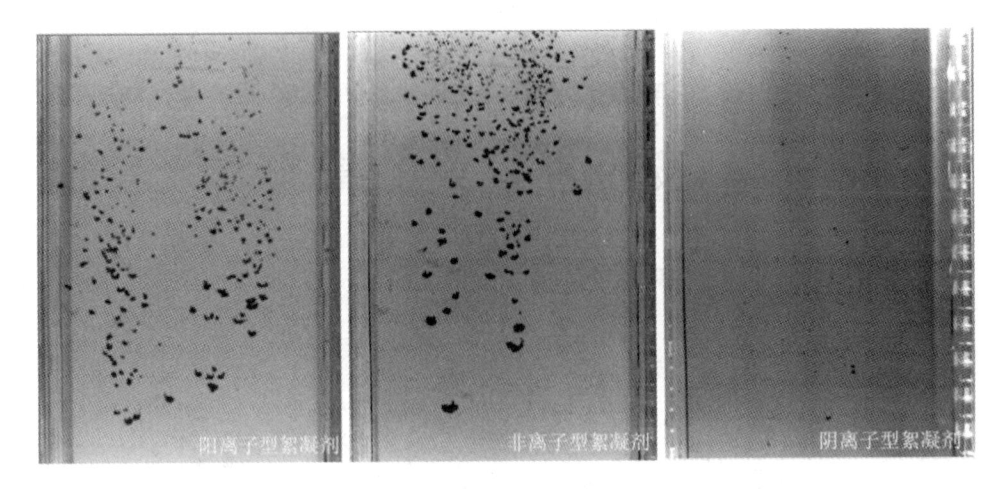

图 6-1　絮团沉降效果

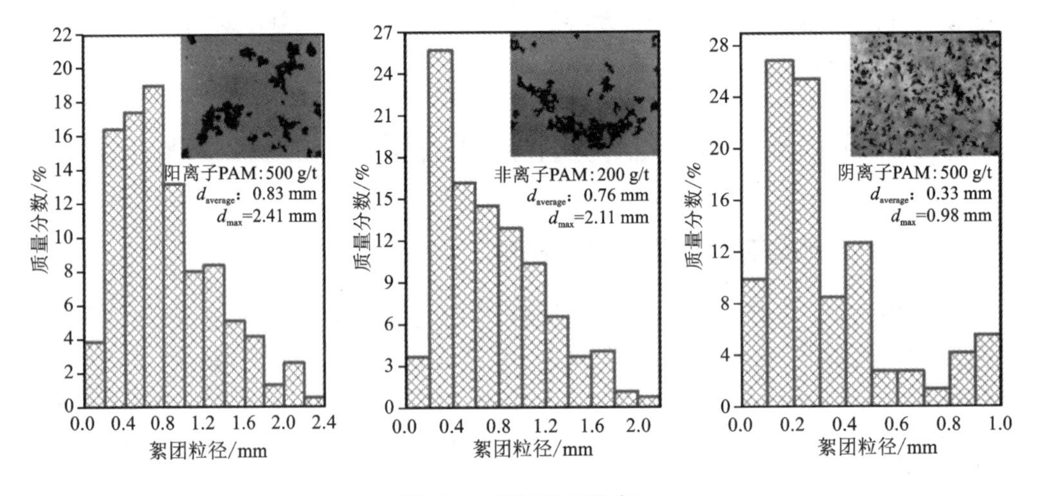

图 6-2　絮团粒度分布

平均粒度为 0. 76 mm，絮团最大粒度为 2. 11 mm。添加阴离子型聚丙烯酰胺所形成的絮团粒度总体分布在 0 至 1 mm 之间，其中，分布在 0. 1～0. 2 mm 和 0. 2～0. 3 mm 的比例为 54. 6%，絮团的平均粒度为 0. 33 mm，絮团最大粒度为 0. 98 mm。相比于原煤的平均粒度，阳离子型絮凝剂产生的絮团最大生长了之前的 125 倍，非离子型絮凝剂产生的絮团最大生长了之前的 105 倍，阴离子型絮凝剂产生的絮团生长倍数为 59 倍。

6.1.2　絮凝剂对絮团沉降速度的影响

将 CCD 相机连续获取的 5 帧图片导入 Image J 软件中，利用 PTV(颗粒追踪测速)算法进行粒子追踪，每两帧照片之间的时间间隔为 0.05 s，根据追踪结果统计各絮团的位移并且计算其速度大小，絮团动态沉降效果如图 6-3 所示，絮团粒度与沉降速度的关系如图 6-4 所示。

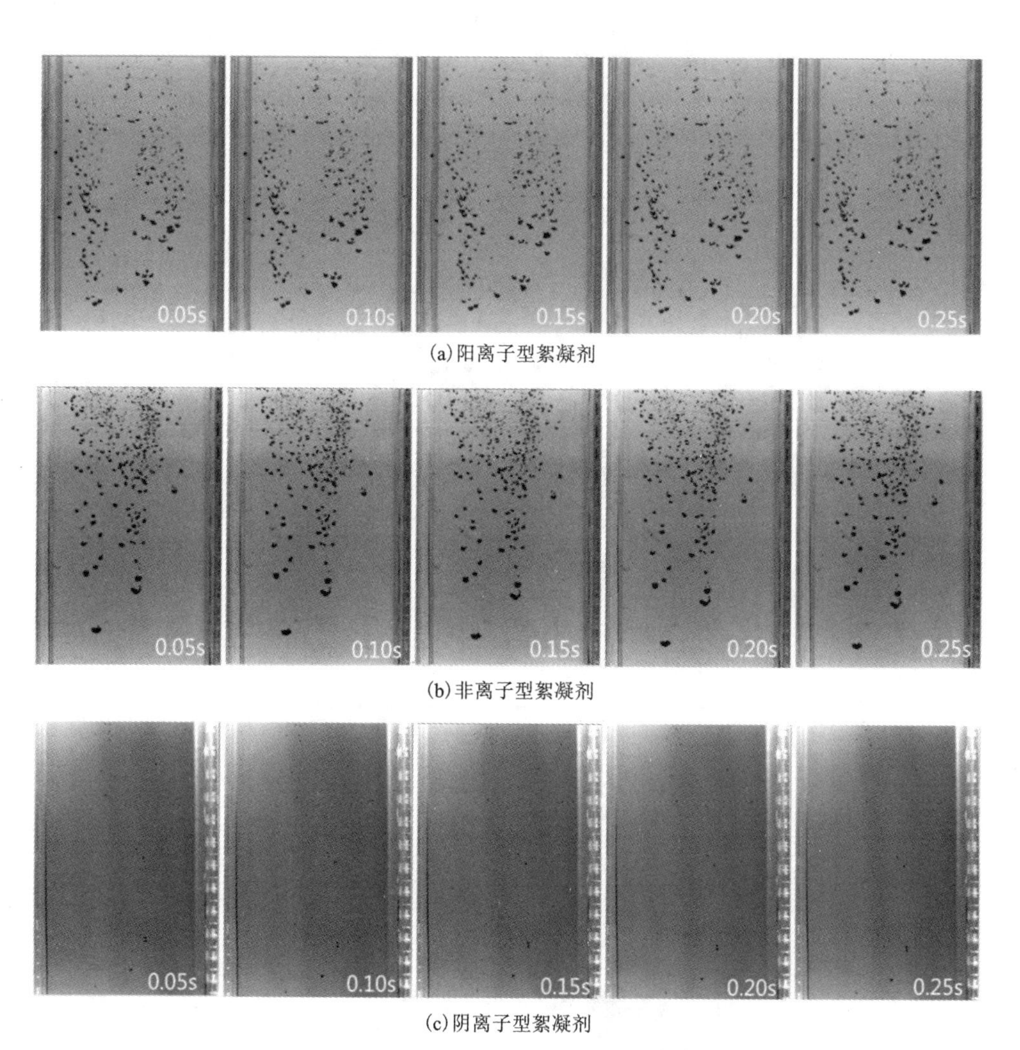

(a)阳离子型絮凝剂

(b)非离子型絮凝剂

(c)阴离子型絮凝剂

图 6-3　CCD 相机所获取的絮团动态沉降图

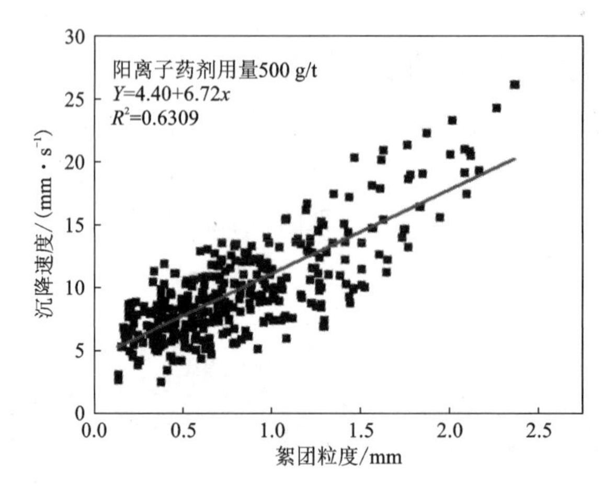

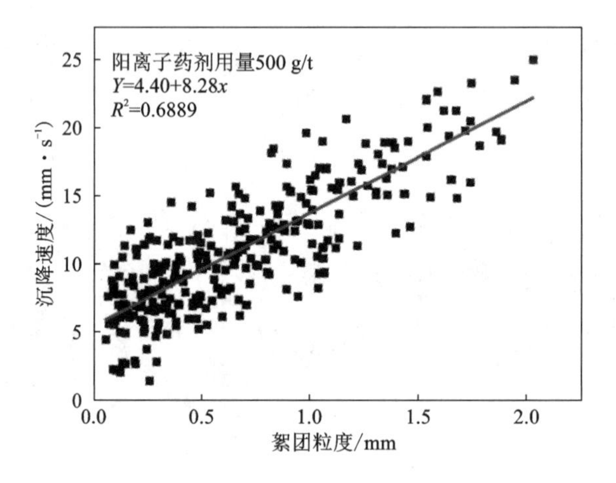

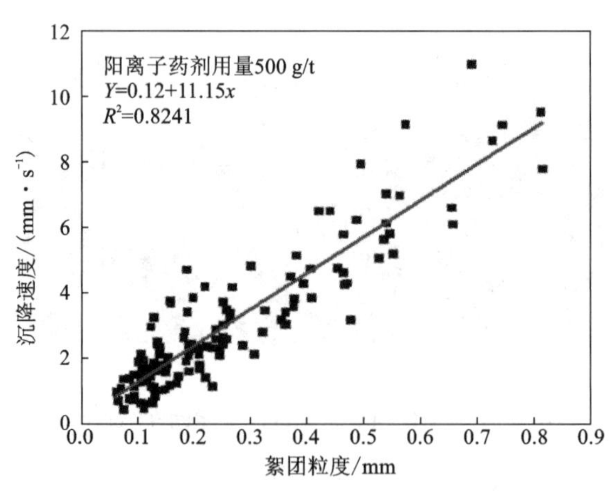

图 6-4　絮团粒度与沉降速度的关系图

单独加入絮凝剂，絮凝剂对煤颗粒的网捕作用非常彻底，絮团生长情况良好，絮团和絮网沉降状态为主，单颗粒沉降状态明显减少。不同粒径的絮团间距较大，动态沉降图能够很好地反映出不同粒径絮团之间的沉降速度差异，粒度大的絮团总是优先沉降至容器底部，粒度小的絮团沉降慢，甚至出现悬浮状态。这也为后续的跟踪分析带来了很大的方便。

由粒度与速度的关系图可以看出，加入絮凝剂产生的絮团粒度与速度之间有明显的线性关系。阳离子型絮凝剂在煤颗粒上的吸附，静电键合起主要作用，形成的絮团密实而稳定，沉降速度最大，絮团平均每秒可以沉降 6.97 mm，最快沉降速度可以达到 26.8 mm/s。非离子型絮凝剂产生的絮团均匀稳定，沉降速度较快，平均沉降速度为 6.28 mm/s，最大沉降速度为 25.14 mm/s。而阴离子型絮凝剂产生的絮团数量较少，粒度较小，沉降速度明显慢于前两者，平均沉降速度 4.18 mm/s，最快沉降速度为 12.8 mm/s。

6.1.3　絮凝剂对絮团有效密度的影响

絮团的有效密度 $\Delta\rho=\rho_f-\rho_w$，即絮团密度与水体密度之差。颗粒沉降受重力、浮力和牵引力的平衡控制。这些力由流体性质(密度、黏度)和颗粒性质(密度、尺寸、形状、渗透性)决定。由于是静水沉降，所以雷诺数较小，常见的沉降速度与絮团有效密度的关系可由斯托克斯定律描述，即：

$$\Delta\rho=\frac{18\mu w_s}{gd^2} \tag{6-1}$$

其中：$\Delta\rho$——絮团有效密度；

μ——流体黏度；

w_s——颗粒沉降速度；

g——重力加速度；

d——颗粒直径。

根据上式分别计算三种不同类型絮凝剂在最佳药剂添加量下所形成的絮团的有效密度，将絮团粒度与絮团有效密度的统计结果绘制为散点图，结果如图 6-5 所示。

絮凝体的成长过程是由初始颗粒结成小的絮团，小的絮团再黏结成更大的絮团的分步、分级成长过程。加入阳离子型絮凝剂形成的絮团粒度最大，絮团孔隙率最大，相应絮团密实程度较小，容易破碎，该类絮团的平均有效密度为 66.75 kg/m³。非离子型絮凝剂形成的絮团有效密度为 62.28 kg/m³。阴离子型絮凝剂形成的絮团，生长能力较弱，因而絮团孔隙率较小，有效密度大于前两种絮团，该絮团平均有效密度为 84.81 kg/m³。

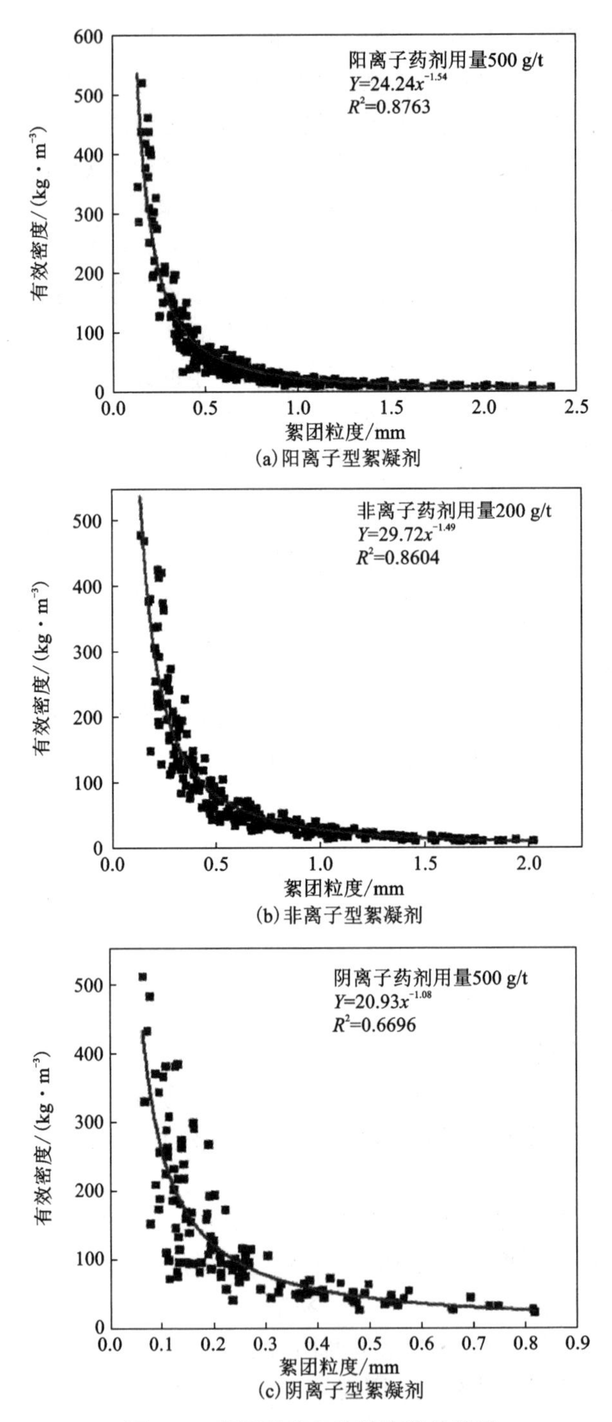

(a)阳离子型絮凝剂

(b)非离子型絮凝剂

(c)阴离子型絮凝剂

图 6-5　絮团粒度与有效密度的关系

6.1.4　絮团总体对比

由表 6-1 可知，单独加入絮凝剂可以显著增大絮团的粒度和沉降速度，其中单独加入阳离子型絮凝剂所形成的絮团生长能力最强，非离子型絮凝剂形成的絮团次之，加入阴离子型絮凝剂产生的絮团生长能力最弱。絮团生长能力越大相应的沉降速度越大。加入絮凝剂所产生的絮团结构松散，有效密度整体较小。

表 6-1　絮团特性对比

药剂	分形维数	平均粒度 /mm	最大粒度 /mm	平均速度 /(mm·s^{-1})	有效密度 /(kg·m^{-3})	生长倍数
阳离子型絮凝剂	1.71	0.83	2.41	6.97	66.75	125
非离子型絮凝剂	1.64	0.76	2.11	6.64	62.28	105
阴离子型絮凝剂	1.53	0.33	0.98	4.18	84.81	59

6.2　剪切-重构对絮团特性的影响

6.2.1　絮凝剂作用下剪切速率对絮团粒径和有效密度的影响

絮团大小是影响絮凝沉降的重要因素，在絮团自身发育的过程中我们通常认为出现三个不同的絮凝时期：絮凝初期、中期以及后期，其最终形成的大小取决于生长速率与破碎速率的差值。图 6-6 显示了不同剪切速率下三种不同离子类型絮凝剂所形成絮团的粒径变化。

由上图可知，煤泥水中固体颗粒在絮凝剂的作用下，通过碰撞、网捕等作用生长发育成大小不同的絮团。机械剪切条件下，当剪切速率 $G=0\sim0.85\ s^{-1}$ 时，絮团粒径呈现增大趋势并达到最大值，其中阳离子型絮凝剂所形成的絮团粒径为 1.04 mm，非离子型絮凝剂所形成的絮团粒径达到 0.81 mm，阴离子型絮凝剂所形成的絮团粒径达到 0.72 mm，其原因在于剪切作用增加了颗粒与药剂之间的有效碰撞，促进了絮团的生长发育。随着剪切速率的增大，三种药剂作用下的絮团粒度都呈现逐渐减小趋势。实验中最终粒度分别是阳离子型药剂所形成的絮团 0.23 mm，非离子型所形成的絮团 0.22 mm，阴离子型所形成的絮团 0.19 mm。综合比较可知阳离子型絮凝剂所产生的絮团较大，非离子型絮凝剂次之，阴离子型絮凝剂形成的絮团最小。但是不同离子类型所形成的絮团在高速剪切破碎后最终的粒径大小相差甚小。

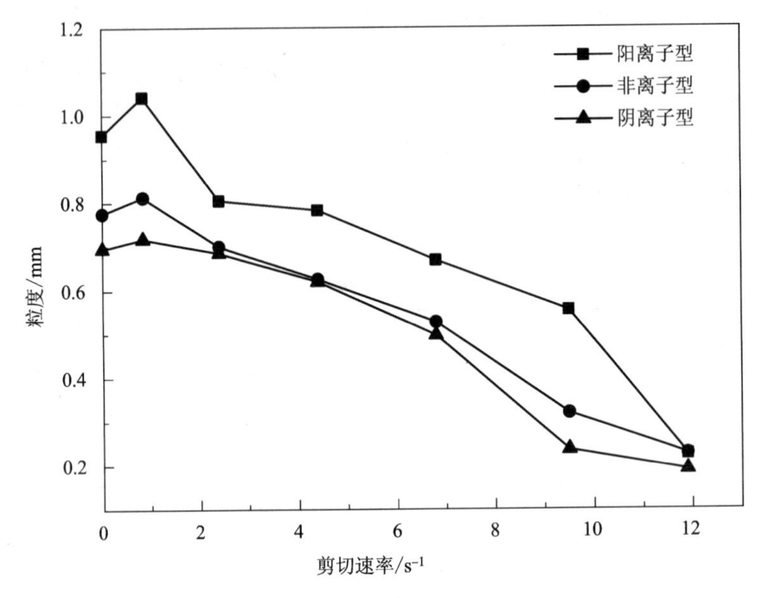

图 6-6　剪切速率对絮团粒径影响

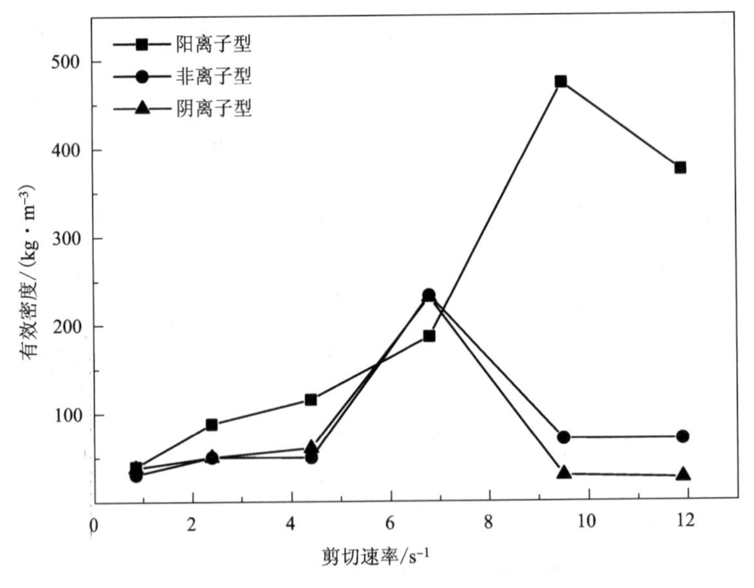

图 6-7　剪切速率对有效密度的影响

絮团密度是絮团的一个重要的特征参数。图 6-7 可看出不同剪切速率下三种絮凝剂所形成絮团的有效密度的变化结果。由图可知，有效密度范围由最初的 30~40 kg/m^3 逐渐达到各自曲线的峰值，其中非离子型和阴离子型絮凝剂所形成的絮团在 $G=6.8\ s^{-1}$ 时，各自达到有效密度的最大值，分别为 233.15 kg/m^3，230.64 kg/m^3，阳离子型絮凝剂所形成的絮团在剪切速率 $G=9.5\ s^{-1}$ 达到峰值，其有效密度最大为 473.14 kg/m^3。三种离子型絮凝剂所形成的絮团在剪切速率继续增大的同时，其有效密度出现减小的趋势。

综上所述，在絮凝阶段初期，剪切作用加速颗粒与药剂之间的有效碰撞，絮团粒径不断增长，对絮团的发育有着促进的作用，但所形成的絮团结构松散，空隙率和含水率较高。随着剪切作用的增加，絮团表面的松散结构被不断剥离、破碎，致使絮团的有效密度得以提高。继续增加剪切作用将破坏药剂结构，使药剂分子链发生断裂，降低黏度，恶化絮凝沉降效果。因此为使高速剪切后的煤泥水得到有效沉降，或优化絮团结构往往需要对其进行重构。

6.2.2　絮凝剂作用下的絮团重构特性

对剪切破碎后的絮团分别进行自发重构和加药重构，综合比较粒度变化、有效密度的差异。下面从絮团参数角度做出对比，分析两种重构方式下再絮凝能力的强弱。

图 6-8 是两种重构方式所得絮团粒径差值的对比图，在低剪切速率 $G=0.85\ s^{-1}$ 时，对于阳离子型所形成的絮团和非离子型所形成的絮团，自发重构增加的粒度要大于加药重构所增加的粒度。随着剪切速率的增加，加药重构的优势趋于明显。在剪切速率 $G=11.9\ s^{-1}$ 时，加药重构和自发重构对絮团所增加粒径影响最大，加药重构增加的差值明显大于自发重构。这也正说明添加药剂对高剪切破碎后絮团的再絮凝起了促进的作用。对于阴离子型絮团大小的影响，在 $G=0.85\sim2.4\ s^{-1}$ 时，加药重构所增加的絮团粒径差值始终略大于自发重构絮团所增加的差值，随着剪切速率的增加，在 $G=9.5\sim11.9\ s^{-1}$ 时，加药重构所增加的絮团粒径差值要明显大于自发重构所增加的差值，最大差值出现在 $G=11.9\ s^{-1}$，两者差值分别为 0.36 mm，0.16 mm，说明阴离子型药剂的再絮凝能力较弱。

综上所述，三种不同离子类型所形成的絮团，在不同剪切速率下，先进行破碎，通过自身的生长发育，达到重新的破碎-生长平衡。其中阳离子型絮凝剂重构后的粒度在同等条件下大于非离子型和阴离子型絮凝剂所形成的絮团大小。剪切破碎后的絮团平均粒径始终不能恢复原始絮团的大小，只能接近原始大小。但是在三种絮凝剂作用下形成的絮团在自发重构和加药重构中，絮团粒度最大值的对比结果如图 6-9 所示。

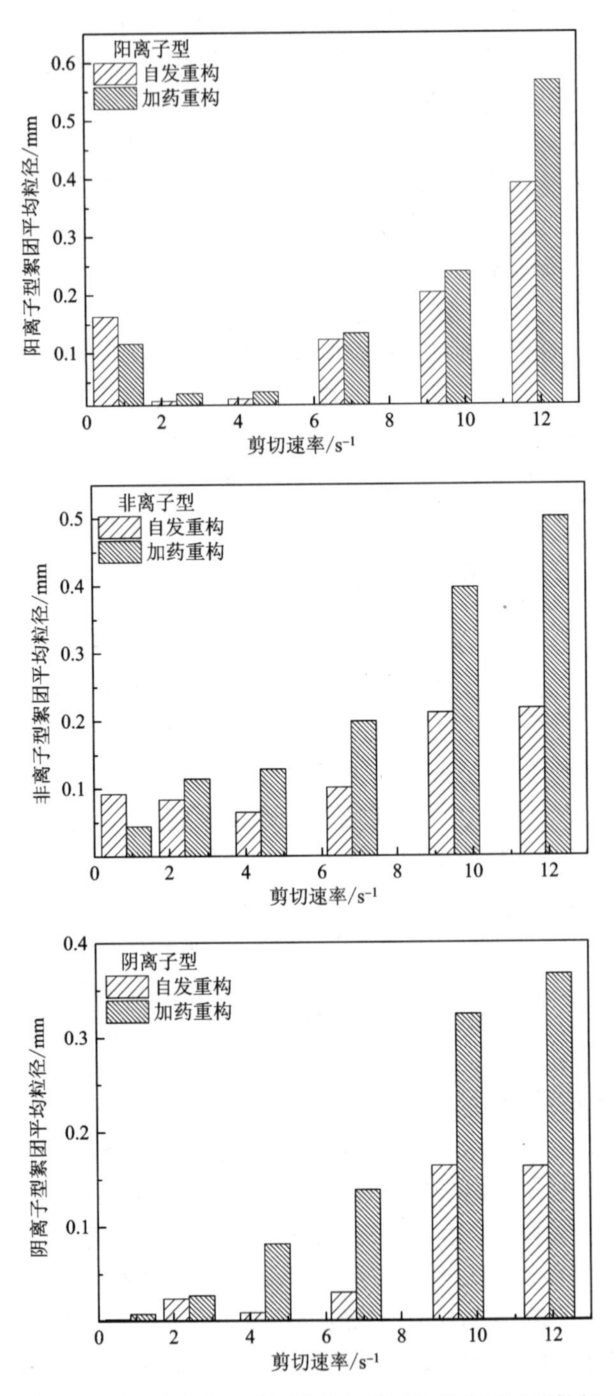

图 6-8　不同剪切速率下加药重构与自发重构的絮团平均粒径对比

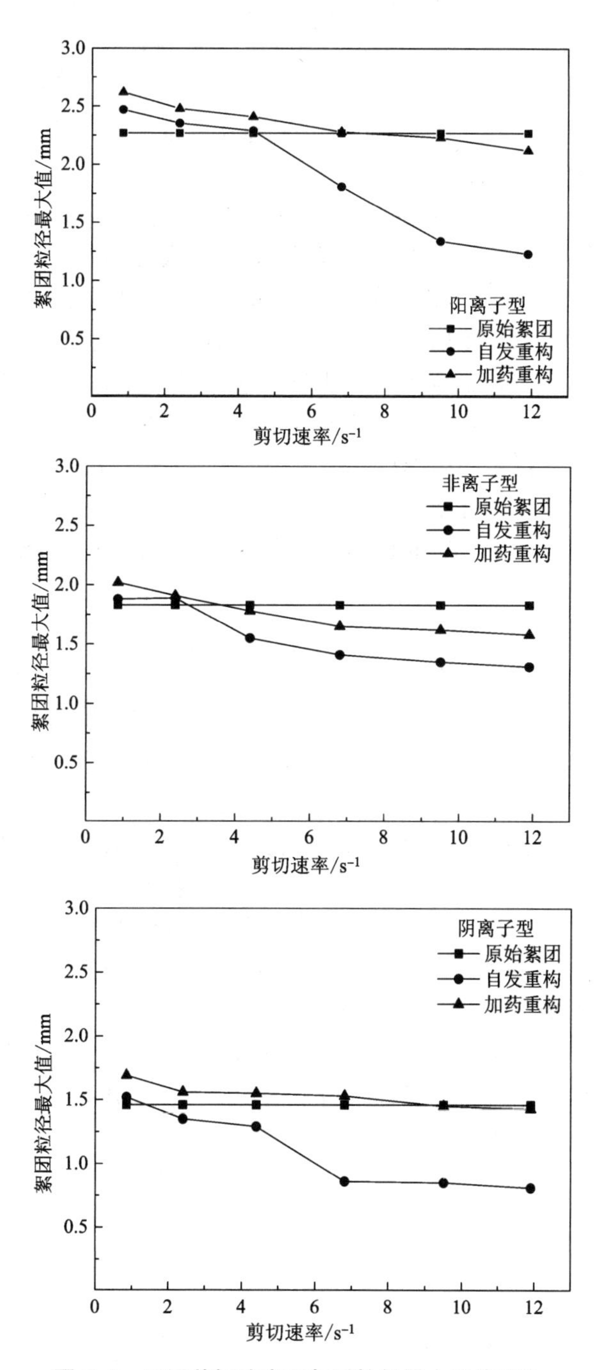

图 6–9　不同剪切速率下絮团粒径最大值的对比

由图可知在低剪切转速 $G=0.85\ s^{-1}$ 时，三种药剂形成的絮团在自发重构和加药重构后絮团的最大粒径大于原始絮团的粒径，随着剪切速率的增加，重构后最大粒度值出现减小的趋势。$G=4.4\sim11.9\ s^{-1}$ 时，对于三种离子型药剂所形成的絮团，自发重构絮团粒度最大值小于加药重构粒度的最大值。并且重构后的粒径最大值并不能达到初始絮团的大小。

综上所述，剪切速率影响破碎后絮团粒度的大小，对破碎后重构的絮团大小研究可知，在低速剪切作用下，自发重构作用大于加药重构，在较高转速 $G=4.4\sim11.9\ s^{-1}$ 时，加药重构对絮团粒度影响优于自发重构对絮团的影响。并且随着剪切速率的增加，重构所得絮团粒径差值变化取决于破碎后絮团的粒度，加药重构对较小絮团粒度的影响更为明显。这说明再次添加药剂对小絮团的再絮凝有着促进作用。在一定的剪切速率条件下，破碎后的絮团并不能全部恢复原来絮团的大小，但是经过重构后得到其最大粒度要大于原始破碎前的最大粒度，分析可知，剪切重构使得部分絮团恢复到原来粒度大小，但在高速剪切造成的小絮团占比增加的影响下，破碎后的絮团不能恢复到原来的絮团形貌。

自发重构和加药重构对有效密度的影响结果如图 6-10 所示。阳离子型絮凝剂自发重构后絮团的有效密度始终高于加药重构后的有效密度。非离子型絮凝剂在低剪切速率下，加药重构得到的絮团有效密度略高于自发重构的有效密度，在高剪切速率 $G=9.5\sim11.9\ s^{-1}$ 下，加药重构和自发重构得到的絮团有效密度相差不大。对于阴离子型絮凝剂，在低剪切速率 $G=0.85\sim6.8\ s^{-1}$ 时，自发重构的有效密度略高于加药重构后的有效密度，相差较小，在 $G=6.8\ s^{-1}$ 两者之间的差值达到最大。随着剪切速率的增加，加药重构后絮团的有效密度高于自发重构所得到的有效密度。这是由于阳离子型和非离子型药剂在破碎后所得到的小絮团含量相对较少，通过添加药剂的方式更能促使细小絮团凝聚成较大絮团。

阴离子型絮团在剪切作用下形成的细小颗粒含量占比较多，通过加药的方式更加有利于小颗粒絮团之间的黏结聚集，更能减少较小絮团的含量，增加絮团的密实程度。从絮团密实程度考虑在低剪切转速下加药重构使得絮团密实度增加，但平均影响相差较小，高剪切转速下自发重构的密实程度得到提高，由于细小颗粒絮团含量的增加，影响沉降。

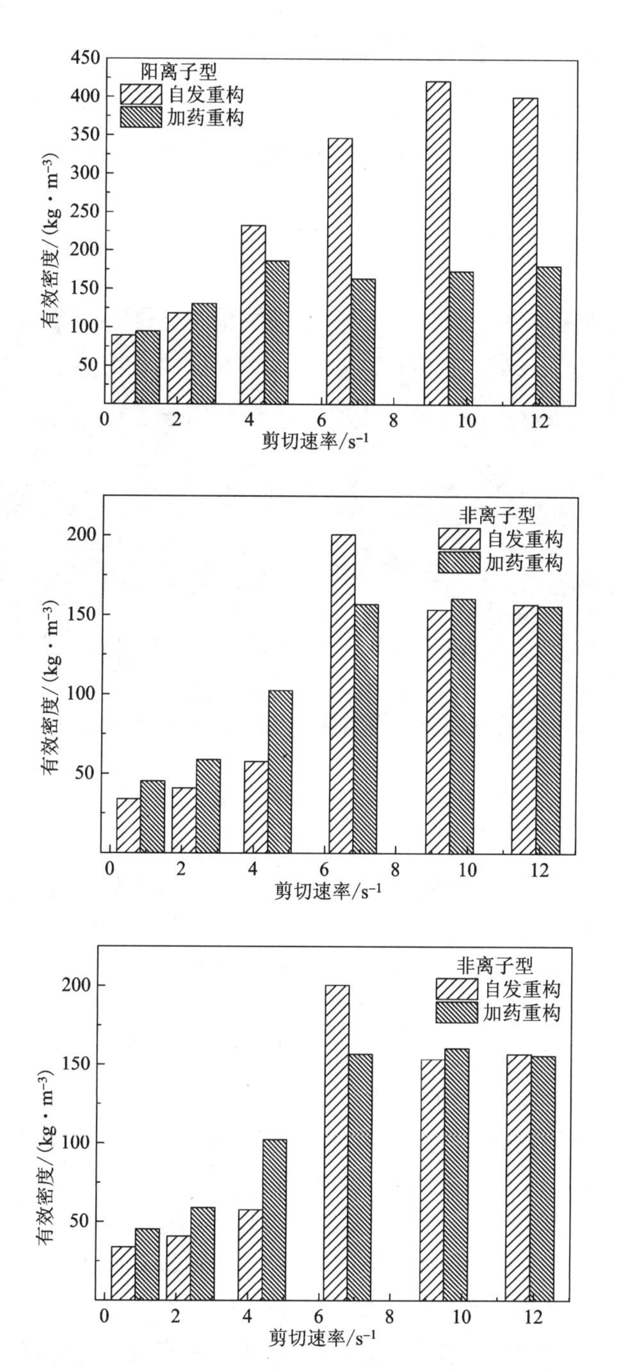

图 6-10　不同剪切速率下自发重构和加药重构有效密度对比

6.2.3 絮团剪切重构作用机理分析

由图 6-11 SEM 照片可以看出，絮凝剂对小颗粒的絮凝作用强于大颗粒，细颗粒很容易聚集在一起，彼此靠近，形成较为密实的絮凝体，而大颗粒形成的絮团疏松多孔，絮凝剂的桥连作用较弱，导致絮团很容易由大颗粒桥连处出现断裂，破坏絮团结构。

(a)剪切前

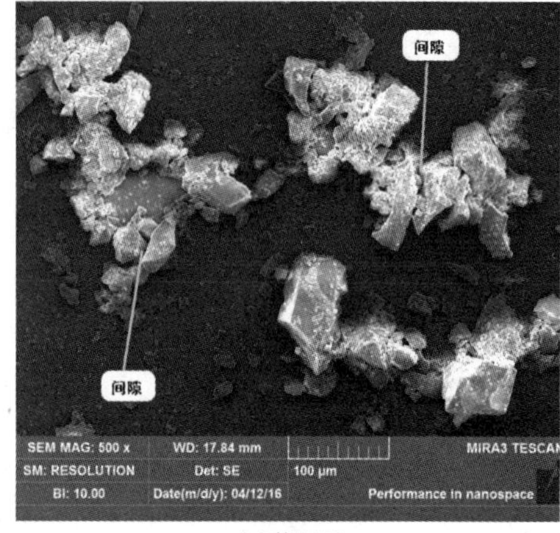

(b)剪切后

图 6-11 絮团剪切前后 SEM 照片

絮团破碎后的不可逆性有两方面原因，一是聚合物分子链中的骨架结构 C—C 键和分子链与颗粒的桥键在水流的剪切作用下极易受到破坏，尤其是分子链的中间位置。在重构阶段，破碎的分子链会在分子间力的作用下相遇、碰撞、相互吸附，形成新的网状结构。但是 C—C 键很难重新形成，因此，分子链的长度会整体缩短，如图 6-12 所示。即使经过很长时间也不可能达到剪切前的状态。所以絮凝作用越来越差，絮团的破碎成为了不可逆过程。如果聚合物的添加量较少，分子链间的主要作用不是分子间相互作用而是分子内缔合，因此产生的再絮凝效果较差。图 6-13 为絮凝、破碎和重构的示意图。

另一个重要原因是絮凝剂对颗粒的再吸附作用减弱。由于颗粒表面的有效吸附点位数量有限，当絮凝剂与煤泥水混合时，药剂会吸附在颗粒表面使颗粒彼此靠近形成絮团，加入剪切作用后，聚合物分子链和絮团都将受到破坏，同时或长或短的吸附官能团残留在颗粒表面，占据有效吸附点位，这将阻碍其他分子链在颗粒表面的吸附。因此，剪切后颗粒很难再形成絮团。

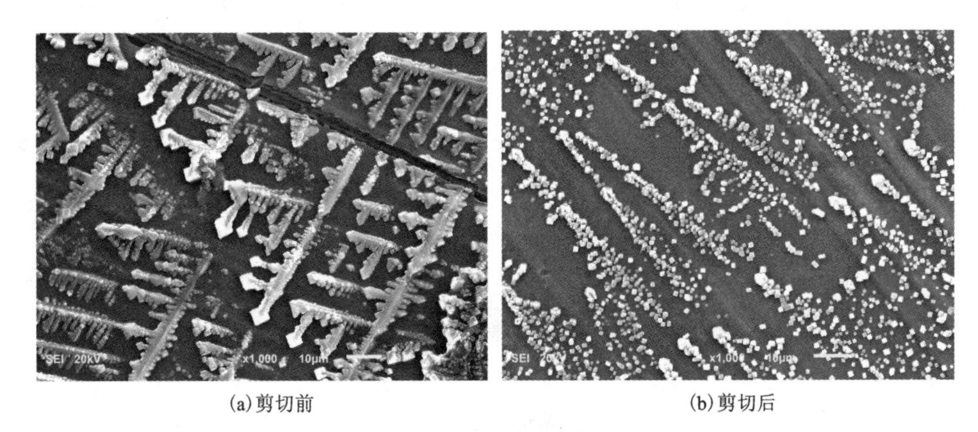

(a)剪切前　　(b)剪切后

图 6-12　絮凝剂剪切前后 SEM 照片

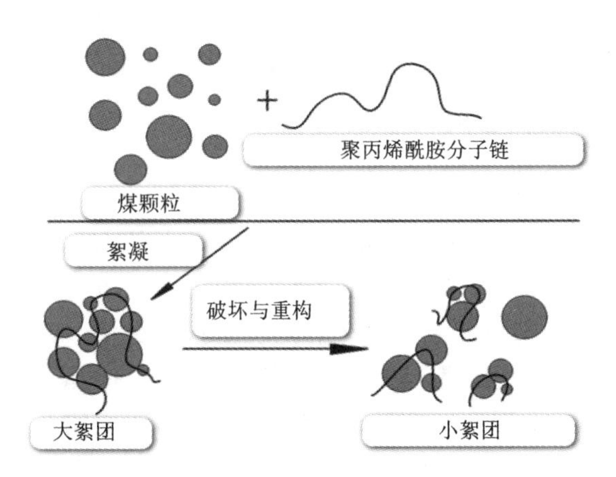

图 6-13　絮凝、破碎和重构示意图

6.3　高分子絮凝剂絮凝作用机理

高分子絮凝剂依靠其结构单元上的极性基团与表面活性点的作用实现在煤粒表面的吸附，吸附作用由静电键合、氢键键合及共价键共同作用。静电键合是絮凝剂与异性颗粒表面吸附的主要作用，氢键键合是非离子型高分子在矿粒表面吸附的主要原因，高分子与矿物表面电负性较强的氧原子接近，失去大部分电子云，与氧化矿物表面的氧原子形成氢键，吸附于粒子上。化学键合是高分子聚合物的活性基团依靠化学键力固着在矿物表面，这种吸附使得絮凝剂具有较好的选择性。高分子絮凝剂链中的疏水部分还可以与非极性固体表面发生疏水键合，吸附于固体表面。Jenckel 和 Rumbach 提出高分子絮凝剂在固体表面的 6 种吸附构型，见图 6-14。

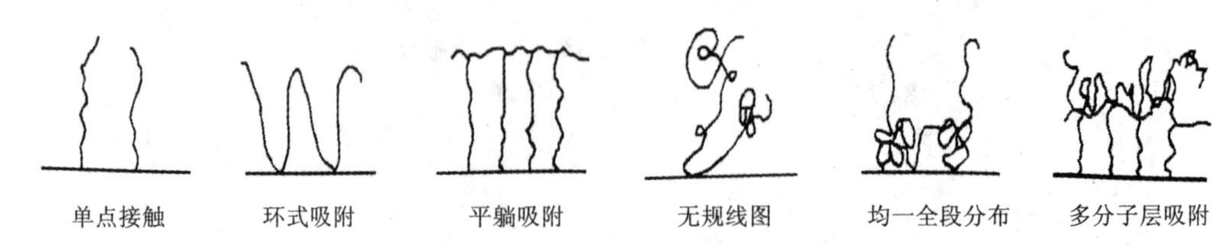

图 6-14　被吸附聚合物分子的构型

反映高分子吸附构型的方法有两种：

(1)饱和吸附量法。采用无孔吸附剂进行研究，通过高分子絮凝剂吸附到无孔隙的颗粒表面，得到相对分子质量与饱和吸附量之间的经验公式：

$$A_s = k \cdot M^{\alpha}$$

式中：A_s——饱和吸附量，g/g；

M——吸附质的相对分子质量；

k——常数；

α——溶剂-吸附剂界面上聚合物吸附质分子的构型。

Perkel 和 Ullman 指出 $\alpha=1$ 时，吸附量与相对分子质量成正比，聚合物与固体颗粒呈单点吸附；$\alpha=0$ 时，吸附量与相对分子质量无关，所有聚合物全部平躺于固体颗粒表面；$0<\alpha<0.1$，聚合物的分子构型为无规则线圈；$\alpha=0.5$，吸附量与相对分子质量的平方根成正比，高分子聚合物在颗粒表面均一全段分布；当聚合物为两步吸附时，第一阶段为平躺式吸附，第二阶段为环式吸附。可以通过测定吸附量和相对分子质量来求 α，确定聚合物的吸附构型。

(2)吸附物功能链段数法。高分子聚合物在颗粒表面吸附的链段数目越多，分子越趋于平躺式吸附，故可通过确定每个高分子聚合物在颗粒表面吸附的链段数目推测吸附构型，但吸附链段数目难以通过实验方法直接测出，仅能从理论上计算得到。

6.3.1　不同水溶液下聚丙烯酰胺的吸附

高分子吸附等温线的特征：在浓度极低的初始阶段，吸附量迅速增加，较高浓度吸附量增加缓慢，最终达到饱和。吸附量可以达到每平方米几毫克，相当于 2~5 个当量的单分子层。高分子的脱附极为困难，但是吸附的高分子可以与溶液中的其他高分子或小分子进行交换吸附。由上可知，高分子絮凝剂的添加量与其在固体颗粒表面的有效吸附并不成比例增长，而是与分子链上的活性基团及功能链段数有关，且当絮凝剂达到饱和吸附后，过量的絮凝剂还会造成悬浮液黏度增加，体系更趋于稳定化。通过 QCM-D 对不同水溶液环境下聚丙烯酰胺的定量吸附可以看出：

不同浓度 $CaCl_2$ 环境中，PAM 在无定形碳表面的吸附时间均在 10 h 以上，由图 6-15 可知，PAM 溶液加入后，Δf 均迅速下降，ΔD 迅速增加，4 h 后，Δf 和 ΔD 的变化幅度已经非常缓慢，说明聚丙烯酰胺的吸附增加量非常小，几乎已经达到吸附平衡，加入 $CaCl_2$ 清洗后，Δf 和 ΔD 没有明显变化，说明聚丙烯酰胺在 $CaCl_2$ 环境中的吸附是不可逆的，加入水清洗后，Δf 有一定回升，ΔD 向基线靠近，从变动幅度来看脱附的主要是 $CaCl_2$，大量聚丙烯酰胺留在了无定形碳表面；由 Δf 和 ΔD 关系曲线可知，在 $CaCl_2$ 环境中，随着聚丙烯酰胺吸附量的增加，其吸附层密实程度降低，$CaCl_2$ 吸附阶段的斜率高于聚丙烯酰胺吸附阶段的斜率，说明聚丙烯酰胺吸附层比 $CaCl_2$ 产生的吸附层密实。

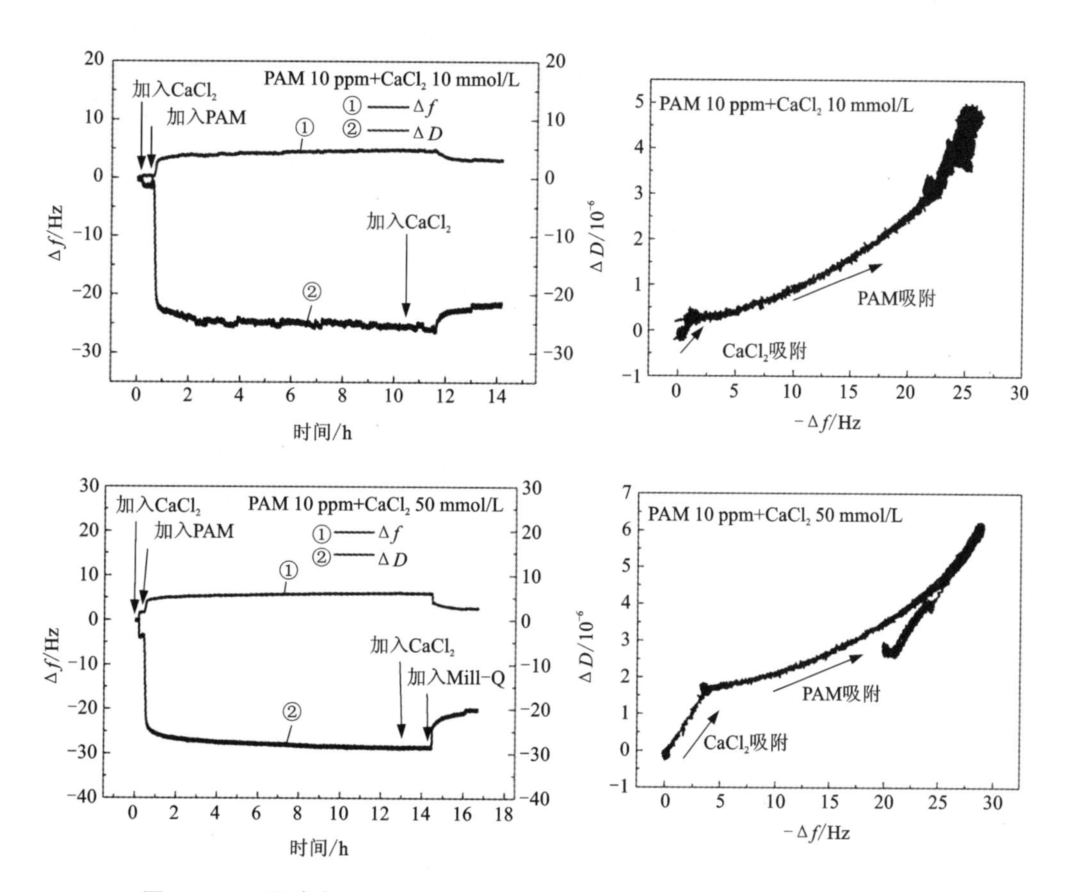

图 6-15　不同浓度 $CaCl_2$ 环境中 PAM 在无定形碳表面的 QCM-D 测试结果

以 $CaCl_2$ 溶液作为基线，对比了不同浓度 $CaCl_2$ 环境中 PAM 在无定形碳表面的 QCM-D 测试结果，并以 50 mmol/L 浓度为例，研究了 $CaCl_2$ 环境中，pH 的改变对聚丙烯酰胺吸附的影响，如图 6-16 和表 6-2 所示，吸附时间 2 h 内，$CaCl_2$ 环境中，聚丙烯酰胺的吸附量高于无 $CaCl_2$ 环境中聚丙烯酰胺的吸附量，说明 $CaCl_2$ 的存在可以在短时间内促进聚丙烯酰胺的吸附，同时聚丙烯酰胺容易达到吸附平衡，而没有 $CaCl_2$ 存在的环境中，聚丙烯酰胺的吸附量可以一直增加，在 2 h 后，没有 $CaCl_2$ 存在的环境中聚丙烯酰胺吸附量高于有 $CaCl_2$ 存在的情况，不同 $CaCl_2$ 浓度下，聚丙烯酰胺吸附量的变化相近，即本文研究的 $CaCl_2$ 浓度范围内(10~100 mmol/L)，$CaCl_2$ 浓度的变化对聚丙烯酰胺的吸附影响较小。在 $CaCl_2$ 浓度 50 mmol/L 的环境中，pH=5 和 pH=9 时获得的聚丙烯酰胺的吸附曲线的频率和耗散变化相近，计算的吸附量分别为 593. 3 ng/m^2 和 606. 9 ng/m^2，表明 pH 对 $CaCl_2$ 环境中聚丙烯酰胺吸附量的影响较小。根据 $-\Delta f$ 和 ΔD 关系曲线的斜率变化情况可知无氯化钙存在的环境中和 pH=9 的情况下，聚丙烯酰胺的吸附层较为密实，其他 $CaCl_2$ 环境中形成的聚丙烯酰胺吸附层较为松散。

表 6-2　不同浓度 $CaCl_2$ 环境中 PAM 在无定形碳表面的吸附量

$CaCl_2$ 浓度/($mol \cdot L^{-1}$)	PAM 吸附量/($ng \cdot m^{-2}$)	
	1 h	8 h
0	469. 5	748. 0
10	547. 2	560. 7
50	560. 7	574. 3
50 (pH=5)	593. 3	—
50 (pH=9)	606. 9	—
100	549. 9	563. 5

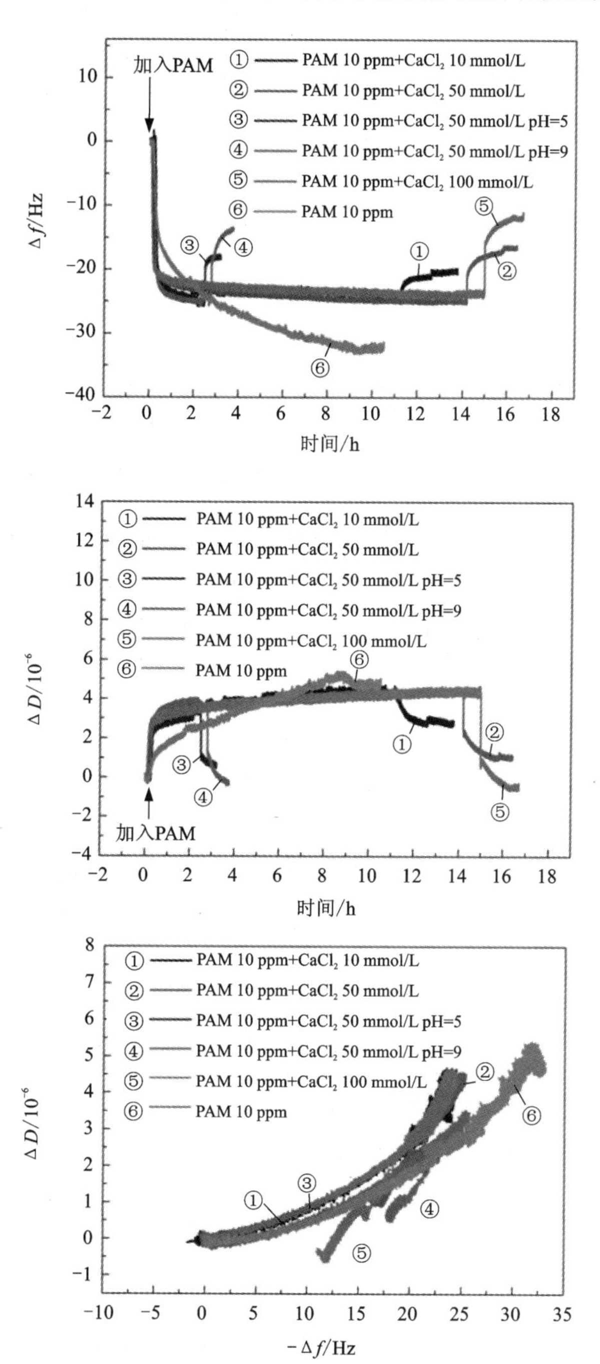

图 6-16　不同浓度 $CaCl_2$ 环境中 PAM 在无定形碳表面的 QCM-D 测试结果对比

6.3.2 $CaCl_2$ 对阴离子聚丙烯酰胺吸附的影响

不同浓度 $CaCl_2$ 环境中，APAM 在无定形碳表面的 QCM-D 测试结果见图 6-17，由图可知，在浓度 10 mmol/L 的 $CaCl_2$ 环境中，APAM 加入后，Δf 发生了快速降低和慢速降低两段变化，吸附作用 10 h 后，Δf 仍有继续减小的趋势，说明 10 mmol/L 浓度的 $CaCl_2$ 环境中，阴离子聚丙烯酰胺与不定形表面接触后，立刻有大量阴离子聚丙烯酰胺发生了吸附行为，之后随着时间推移，溶液中仍有阴离子聚丙烯酰胺慢慢吸附至表面，加入相同浓度 $CaCl_2$ 溶液清洗后，Δf 有小幅度增加，表明有少量阴离子聚丙烯酰胺从无定形碳表面脱附，加入水清洗后，Δf 有了大幅度的提高，回升至基线附近，表明大量阴离子聚丙烯酰胺已从无定形碳表面脱附，而 ΔD 变化较为特殊，加入水清洗后，随着 Δf 的回升，ΔD 先迅速提高较大幅度然后缓慢下降，这说明吸附层构型发生了迅速变松散然后变密实的过程，由此可知，在脱附过程中，水先使无定形碳表面的阴离子聚丙烯酰胺吸附层变得松散，然后使其逐渐从表面脱附。浓度 10 mmol/L 的 $CaCl_2$ 环境中，$-\Delta f$ 和 ΔD 的关系曲线中，阴离子聚丙烯酰胺吸附过程，曲线斜率先增加然后降低，说明随着阴离子聚丙烯酰胺吸附量的增加，其吸附层先变松散然后变得密实。

单独阴离子聚丙烯酰胺很难在无定形碳表面产生吸附，在浓度 10 mmol/L 的 $CaCl_2$ 环境中，阴离子聚丙烯酰胺表现出了非常明显的吸附行为，原因在于 $CaCl_2$ 溶液中主要阳离子成分为 Ca^{2+} 和少量 Ca^{+} 离子，因此可以判断，$CaCl_2$ 溶液中阴离子聚丙烯酰胺的吸附行为是由于正电性 Ca^{2+}(可能包括少量 Ca^{+})在负电性无定形碳表面和负电性的阴离子聚丙烯酰胺分子链间起到了桥联作用，随着阴离子聚丙烯酰胺吸附量的增加，无定形碳表面有效吸附位减少，第一层阴离子聚丙烯酰胺吸附层形成，且较为密实，覆盖了无定形碳表面，而阴离子聚丙烯酰胺吸附层上的阴离子官能团可以进一步从溶液中吸附一层 Ca^{2+}，Ca^{2+} 可以继续从溶液中吸附阴离子聚丙烯酰胺，这时形成的吸附层较为松散，由此往复，阴离子聚丙烯酰胺在无定形碳表面即使经历十几个小时也很难达到吸附平衡，且随着吸附量的增加和时间的推移，其吸附层又变得更加密实。这些变化规律，在浓度 50 mmol/L 和 100 mmol/L 的 $CaCl_2$ 环境中表现得更加明显。

在浓度 50 mmol/L 的 $CaCl_2$ 环境中，阴离子聚丙烯酰胺加入后，Δf 同样经历了快速降低和慢速降低两个阶段，但与 $CaCl_2$ 浓度为 10 mmol/L 情况下相比，Δf 降低幅度更大，表明吸附量增加，但更难达到吸附平衡，加入相同浓度 $CaCl_2$ 溶液清洗后，Δf 有一些回升，但幅度较小，表明有少量阴离子聚丙烯酰胺从无定形碳表面脱附，加入水清洗后，Δf 回升到基线附近，表明有大量阴离子聚丙烯酰胺从表面脱附，残留量较小，这是由于水可以使 Ca^{2+} 离子脱附，Ca^{2+} 的脱附导致了阴离子聚丙烯酰胺的脱附，在脱附过程中 ΔD 先迅速增加然后缓慢减小，说明脱附过程中，水先使阴离子聚丙烯酰胺吸附层变松散，然后从无定形碳表面脱附

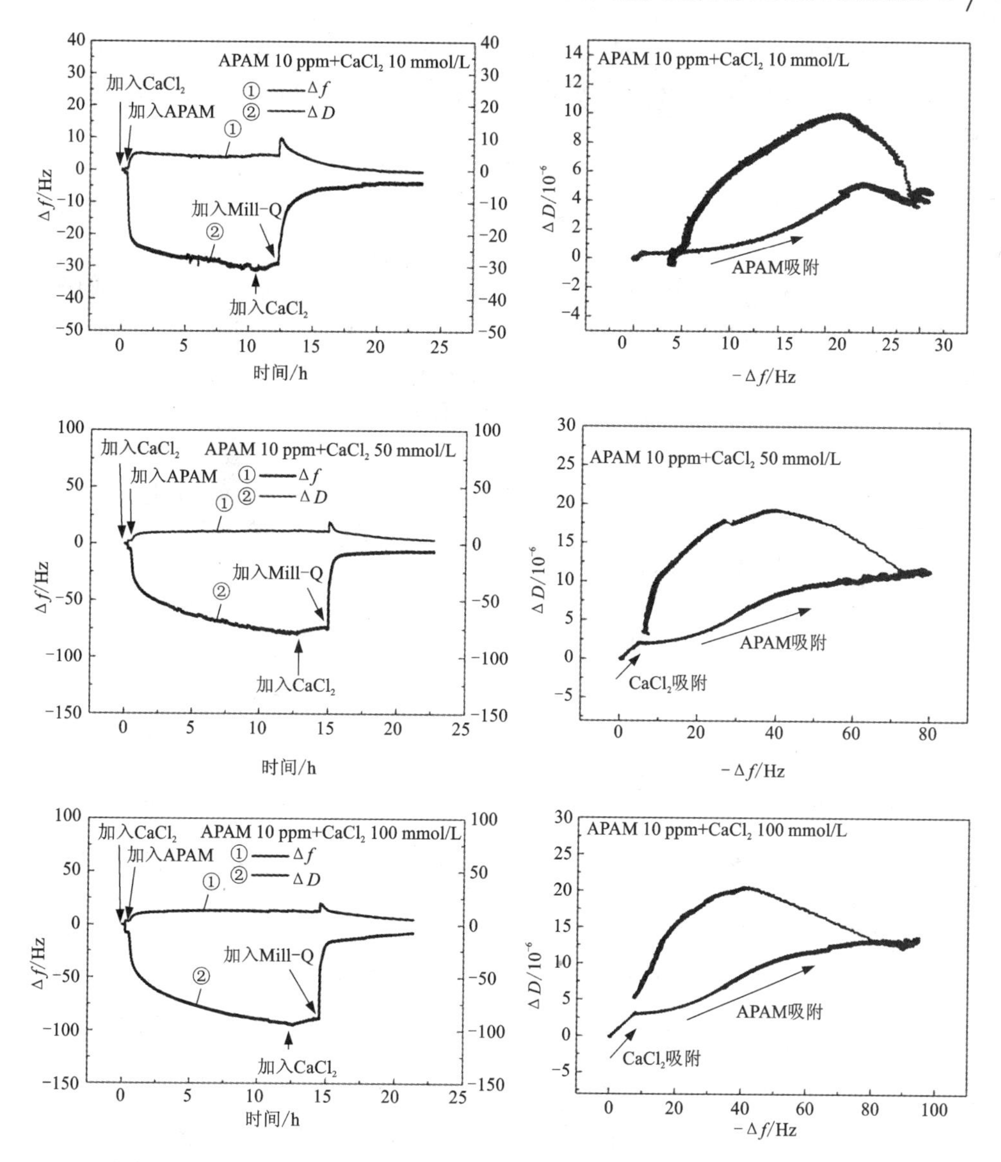

图 6-17　不同浓度 $CaCl_2$ 环境中 APAM 在无定形碳表面的 QCM-D 测试结果

的。浓度 50 mmol/L 的 $CaCl_2$ 环境中对应的$-\Delta f$和 ΔD 关系曲线中，可以看到 $CaCl_2$ 吸附过程中的$-\Delta f$和 ΔD 关系为直线，表明 Ca^{2+}吸附过程中，其吸附层构型没有发生明显变化，阴离子聚丙烯酰胺吸附过程中，Δf 和 ΔD 关系为曲线，斜率先增加，后减小，表明阴离子聚丙烯酰胺的吸附层先变松散然后变密实，阴离子聚丙烯酰胺吸附阶段的整体斜率低于 $CaCl_2$ 吸附阶段，表明阴离子聚丙烯酰胺的吸附层要比 $CaCl_2$ 溶液产生的吸附层密实。浓度 100 mmol/L 的 $CaCl_2$ 溶液环境中，阴离子聚丙烯酰胺吸附过程的 Δf 和 ΔD 变化规律与浓度 10 mmol/L 和 50 mmol/L 的 $CaCl_2$ 环境相似，但更难达到吸附平衡，即使在 10 h 后，Δf 的降低趋势仍然很明显。

以 $CaCl_2$ 溶液为基线对比了不同浓度 $CaCl_2$ 环境中，阴离子聚丙烯酰胺在无定形碳表面的吸附，并以浓度 50 mmol/L 的 $CaCl_2$ 环境为例，研究了 pH 对阴离子聚丙烯酰胺吸附的影响，如图 6-18 和表 6-3 所示，结果表明，$CaCl_2$ 可以极大促进阴离子聚丙烯酰胺在无定形碳表面的吸附，且随着 $CaCl_2$ 浓度的增大，吸附速率和吸附量的增加很明显。在 pH 的影响方面，虽然测试的吸附时间仅为两小时，但可以从图中看到，pH=9 时的 Δf 降低幅度要比 pH=5 时的大，说明碱性 $CaCl_2$ 环境要比酸性 $CaCl_2$ 环境更加有利于阴离子聚丙烯酰胺的吸附。

表 6-3　不同浓度 $CaCl_2$ 和 pH 环境中 APAM 在无定形碳表面的吸附量

$CaCl_2$ 浓度/(mmol · L^{-1})	APAM 吸附量/(ng · m^{-2})		
	1 h	5 h	8 h
0	0~15	0~15	0~15
10	503.7	612.3	666.614
50	965.2	1453.8	1684.6
50 pH=5	883.8	—	—
50 pH=9	1019.5	—	—
100	1073.8	1725.3	1969.6

本文进一步对以浓度 10 mmol/L 的 $CaCl_2$ 环境为例，对比了两种加药方式下，APAM 的吸附情况，如图 6-19 所示，黑线为本文使用的主要方式，先通入 $CaCl_2$ 溶液建立基线，然后通入相同浓度 $CaCl_2$ 溶液配置的阴离子聚丙烯酰胺，从而研究阴离子聚丙烯酰胺的吸附情况，这一种情况可以避免 $CaCl_2$ 吸附对结果分析产生的影响，因为 $CaCl_2$ 的吸附已经达到饱和，Δf 和 ΔD 的变化如果发生变化，就是由体系中多入的阴离子聚丙烯酰胺引起的，另外，这一种情况也与实际工业生产的煤浆体系较为相似，煤浆中往往水质较硬，离子含量较高，离子在煤泥颗粒表面已经达到了吸附平衡，加入高分子药剂进行处理时，高分子药剂在复杂的离子环境中跟煤泥颗粒发生了接触和吸附。图 6-19 中②为没有预先通入 $CaCl_2$ 溶液，直接通入了以浓度 10 mmol/L 的 $CaCl_2$ 溶液配制的阴离子聚丙烯酰胺溶液。由图可知，两种加药方式下，Δf 和 ΔD 总的变化幅度和趋势一致，说明加药方式不会明显影响阴离子聚丙烯酰胺的吸附速率和吸附量，但 Δf 和 ΔD 表现出波浪形状，这说明吸附和脱附行为同时存在，这可能是由于同时加药方式下，表面出现了 Ca^{2+} 和阴离子聚丙烯酰胺竞争的吸附行为，吸附情况更加复杂导致的。

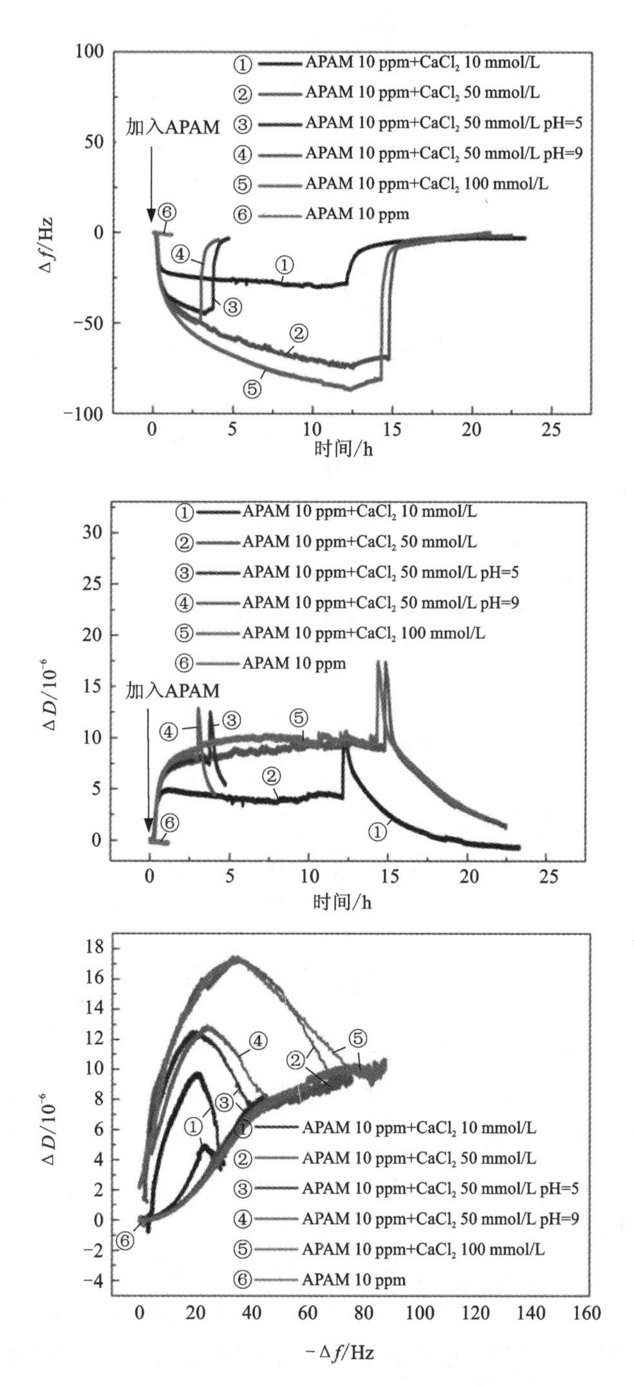

图 6-18　不同浓度 $CaCl_2$ 和 pH 环境中 APAM 在无定形碳表面的 QCM-D 结果对比

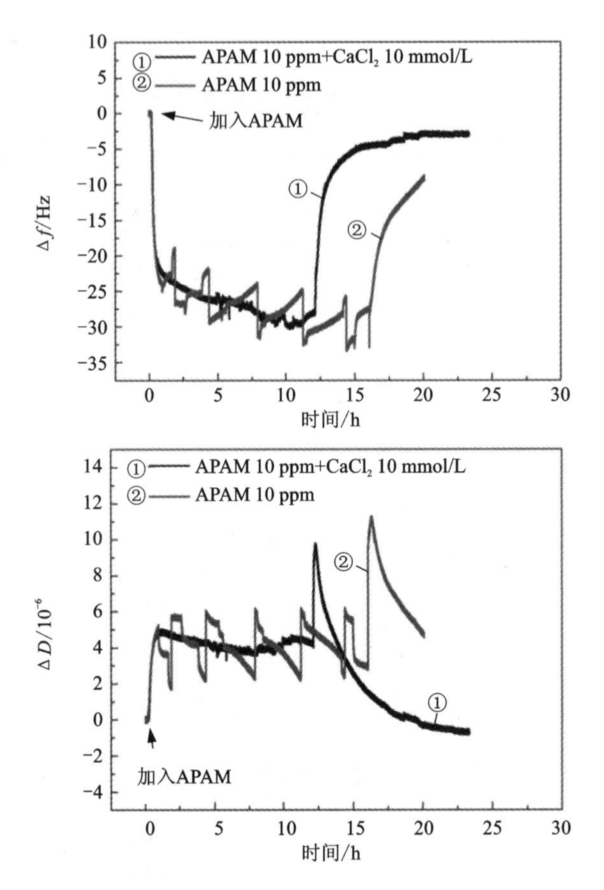

图 6-19 不同加药方式下 APAM 在无定形碳表面的 QCM-D 测试结果对比

6.3.3 $CaCl_2$ 对阳离子聚丙烯酰胺吸附的影响

图 6-20 为不同浓度 $CaCl_2$ 环境中，CPAM 在无定形碳表面的 QCM-D 测试结果，由图可知，在不同 $CaCl_2$ 浓度中，阳离子聚丙烯酰胺均可引起不同的 Δf 降低，表明阳离子聚丙烯在无定形碳表面的吸附，加入 $CaCl_2$ 清洗后，Δf 略有回升，表明有少量阳离子聚丙烯酰胺从表面脱附，加入水清洗后，在 $CaCl_2$ 浓度为 1 mmol/L 和 10 mmol/L 时，Δf 有所下降，在 $CaCl_2$ 浓度为 50 mmol/L 和 100 mmol/L 时，Δf 有所回升，从变化幅度来看，脱附物质主要为 $CaCl_2$。对应的 $-\Delta f$ 和 ΔD 的关系曲线中，$CaCl_2$ 吸附过程为直线，斜率较大，说明 $CaCl_2$ 产生的吸附层较为松散，阳离子聚丙烯酰胺吸附过程为曲线，斜率较小，说明阳离子聚丙烯酰胺产生的吸附层比 $CaCl_2$ 产生的吸附层密实，且随着阳离子聚丙烯酰胺吸附量的增加，其吸附层逐渐变松散。

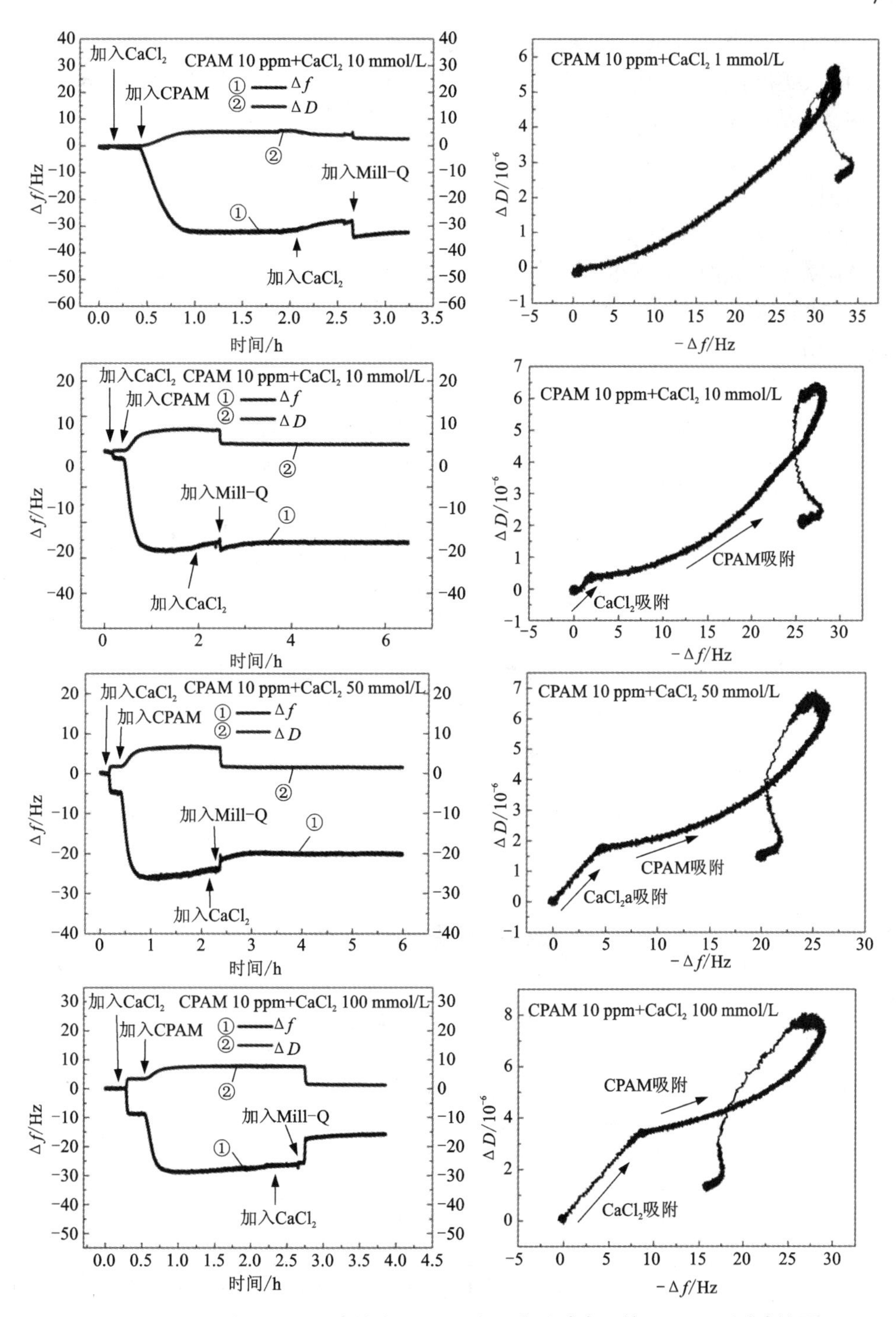

图 6-20　不同浓度 $CaCl_2$ 环境中 CPAM 在无定形碳表面的 QCM-D 测试结果

对比不同浓度 $CaCl_2$ 环境中，阳离子聚丙烯酰胺的吸附情况，研究了不同 $CaCl_2$ 浓度和 pH 下对阳离子聚丙烯酰胺吸附的影响，如图 6-21 所示，表 6-4 为吸附量，结果表明，$CaCl_2$ 环境中，阳离子聚丙烯酰胺的吸附量降低，说明 $CaCl_2$ 的存在对阳离子聚丙烯酰胺的吸附有抑制作用，随着 $CaCl_2$ 浓度的升高，抑制作用增强，阳离子聚丙烯酰胺吸附量逐渐减少。pH = 5 和 pH = 9 时，阳离子聚丙烯酰胺吸附量相近，说明 pH 对 $CaCl_2$ 环境中聚丙烯酰胺的吸附影响较小。由 $-\Delta f$ 和 ΔD 关系曲线的斜率变化可知，短期吸附时间内，不同 $CaCl_2$ 环境中的阳离子聚丙烯酰胺吸附层的密实程度相近，长时间吸附后，随着吸附量的增加，$CaCl_2$ 环境中的阳离子聚丙烯酰胺吸附层更加松散一些。

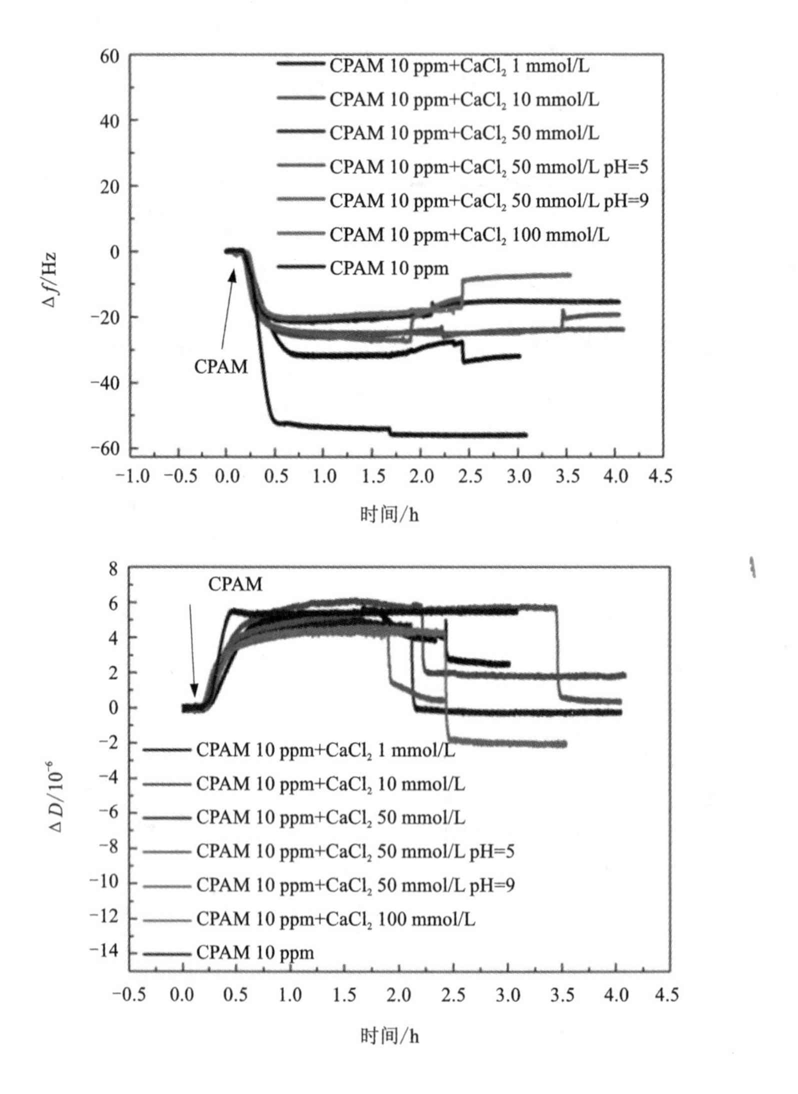

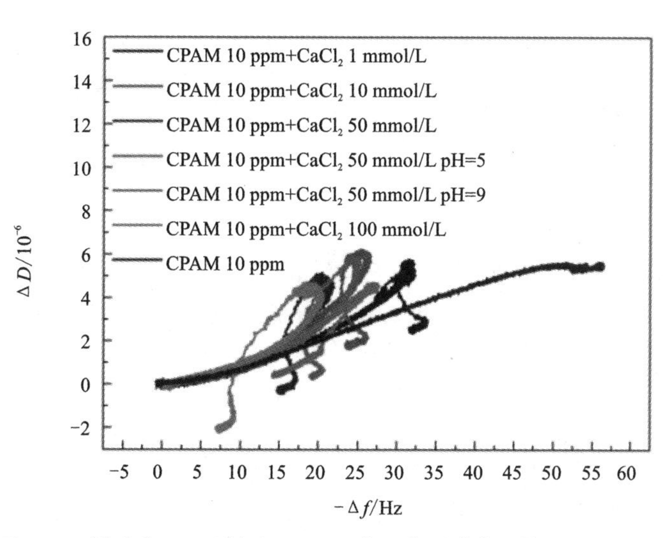

图 6-21　不同 $CaCl_2$ 浓度和 pH 环境中 CPAM 在无定形碳表面的 QCM-D 测试结果对比

表 6-4　不同 $CaCl_2$ 浓度和 pH 环境中 CPAM 在无定形碳表面的吸附量

$CaCl_2$ 浓度/(mmol · L^{-1})	CPAM 吸附量/(ng · m^{-2})	
	30 min	1 h
0	1399. 5	1426. 6
1	802. 3	805. 1
10	612. 3	617. 8
50	503. 7	490. 2
50 pH=5	585. 2	590. 6
50 pH=9	585. 2	612. 3
100	476. 6	463. 0

第 7 章　煤泥沉降特性的工业应用

以建立的平朔弱黏煤煤泥水沉降的临界粒度为依据，结合滤饼粒度分布与脱水效果的关系，和黏土矿物、氧化煤对沉降脱水的影响规律，对平朔二号井选煤厂的煤泥水进行优化调整，实现了煤水高效分离，提高了产品质量，大大增加了原煤的处理量。

7.1　应用背景

平朔二号井选煤厂是一座设计能力为 10 Mt/a 的特大型动力煤选煤厂，采用全重介洗选工艺，煤泥水经 2 台 ϕ35 m 的浓缩机浓缩后由 3 台加压过滤机回收煤泥。原煤主要来自井工矿的 9 号煤，还有少部分露天矿来的汽运煤。煤泥水来源包括浓缩旋流器组的溢流、磁选尾矿及加压过滤机的滤液。加药点分别位于稳流箱上方、浓缩机正上方入料管距中心混料桶约 10 m，其中第一处为主要加药点，通常会将阀门开到 2/3 大小，第二处为备用加药点。只有当煤质严重恶化，煤泥水难以沉降时，为达到沉降效果，会将全部加药点开到最大，选煤厂工艺流程图见图 7-1。

受煤层地质条件及开采方式影响，入选原煤中不可避免的含有部分顶板、底板及风化煤。其中，9 号煤煤层顶板及 4 号风化煤中含有较多的高灰细泥颗粒，使煤泥水处理难度极大。这些高灰细泥颗粒表面多数带有负电荷，其在水中保持分散状态而难以凝聚沉降；且其粒度小、有黏性、比表面积大，致使滤饼致密、易堵塞过滤介质、煤浆水分不易脱除；同时，高灰细泥颗粒会导致压滤机工作周期长、脱水效率低、产品水分高等问题。

通过前期实验室试验确定该厂难脱水煤泥采用凝聚剂与絮凝剂配合使用，因此工业试验前准备主要为加药点的改造。由于新自动加药装置的安装与试用，将主洗车间 4 楼原有的絮凝剂加药装置改为凝聚剂加药装置，絮凝剂加药系统不变，加药点改为 3 处，增设浓缩机正上方入料管距中心混料桶约 5 m 的备用加药点，以保证药剂的充分供给。这样一来，絮凝剂与凝聚剂就有一定的空间距离，凝聚剂加入系统中可以充分混合后再通过絮凝剂的絮凝沉降实现煤泥水的高效处理。另一方面，将二次加药的助滤剂更换为沉降过程使用的凝聚剂，这样就极大降低了药剂成本。加药系统的设置见图 7-2。

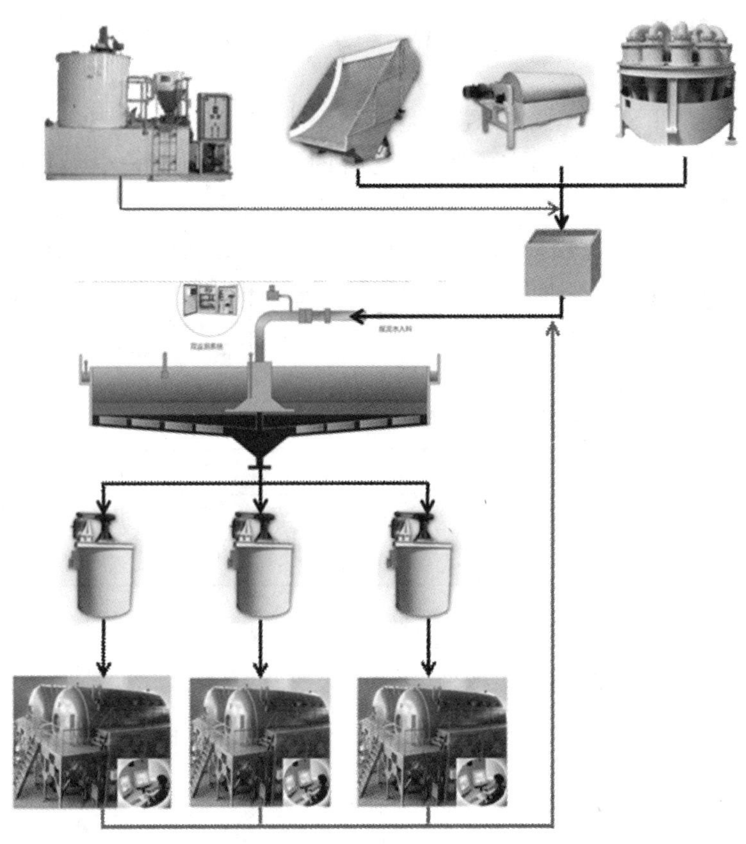

图 7-1　二号井选煤厂煤泥水处理工艺流程图

(a)絮凝剂加药装置

(b)凝聚剂加药装置

(c)助滤剂加药装置

图 7-2　加药系统的设置

7.2 煤泥基本性质分析

二号井选煤厂工业试验时入洗原煤煤种组成见表7-1。由表7-1可以看出，二号井选煤厂所处理的原煤主要来自二号井的9号煤，还有一少部分露天矿的9号煤，但数量较少，因此可以认为在本次试验进行过程中所处理的煤种基本不变。但是井工煤本身性质差别较大，有时含有较多的氧化煤，使细粒级煤泥增多，从而使煤泥水处理变得困难，也导致加压过滤机排料周期变长，滤液澄清度下降。

表7-1 二号井选煤厂入选原煤组成

煤种	编号	质量/万t
二号井	9#	145
倒运煤(汽运煤)	9#	10

7.2.1 粒度组成分析

对选煤厂11日入洗原煤、浓缩机入料及浓缩机底流样品的煤泥进行小筛分分析，结果见表7-2。

表7-2 平朔二号井煤泥小筛分实验

粒级/mm	入选原煤				浓缩机入料		浓缩机底流	
	产率/%	灰分/%	累计产率/%	累计灰分/%	产率/%	累计产率/%	产率/%	累计产率/%
+0.5	0.15		0.15		0.17	0.17	3.27	3.27
0.5~0.25	18.75	40.63	18.90	40.63	0.80	0.97	8.33	11.60
0.25~0.125	27.85	41.87	46.75	41.37	2.72	3.69	7.59	19.19
0.125~0.075	14.30	41.36	61.05	41.37	7.77	11.46	10.48	29.67
0.075~0.045	13.15	37.20	74.20	40.63	11.17	22.63	12.83	42.51
-0.045	25.80	40.55	100.00	40.61	77.37	100.00	57.49	100.00
合计	100.00	40.61			100.00		100.00	

由表7-2可以知道，原煤中含有-0.045 mm粒级的煤泥占到了25.6%，灰分

为 40%，细粒级含量较大，灰分较高，不利于煤泥水沉降；浓缩机入料中含有−0.045 mm 粒级的煤泥占到了 77.37%，说明浓缩机煤泥经重介分选系统破碎严重，煤泥的高泥化特性导致了煤泥水沉降困难，从而造成药剂消耗量大；浓缩机底流中含有−0.045 mm 粒级的煤泥占到了 57.49%，说明大量−0.045 mm 级微细颗粒在洗选系统中循环，没有得到沉降处理，由于浓缩机底流也就是加压过滤机的入料泥化严重，直接导致了加压过滤机排料周期变长，而且也是滤液浑浊的一个主要原因。

7.2.2　浓缩机溢流水浊度

对浓缩机的溢流水进行实时监控，间隔 1 h 采一次样，测得的溢流水的浊度见表 7−3。由表 7−3 可以看出，工业试验之前，煤泥水入料中细粒级含量增加，导致浓缩机溢流水浊度逐渐增大，10 日、11 日溢流水浊度有 6 次超过了 1000 NTU。结合颗粒的粒度组成与上清液浊度关系式 $y=1.3118x^{-1.347}$ 可以求得该煤泥水的平均粒度，结果见表 7−4。对比 11 日浓缩机入料的小筛分结果，−0.045 mm 的含量高达 77.37%可知，在不改变药剂制度的前提下该煤泥水的沉降效果会由于细泥积聚造成沉降困难，脱水效果变差。

表 7−3　浓缩机溢流水浊度　　NTU

日期	08：00	09：00	10：00	11：00	12：00	13：00	14：00	15：00	16：00	17：00	18：00
10 日	767	692	853	827	840	>1000	>1000	818	749	902	>1000
11 日	>1000	>1000	971	886	934	>1000	947	911	875	924	930
12 日	838	909	804	900	649	854	724	669	821	647	812
13 日	631	723	574	892	582	596	669	597	633	761	892
14 日	98	86	193	110	122	113	331	64	77	74	528
15 日	611	767	115	875	295	113	41	141	104	210	732
16 日	41	71	150	113	141	210	378	71	174	168	721
17 日	254	210	254	143	140	169	311	338	176	348	154
18 日	168	168	182	210	140	169	528	324	364	258	274
19 日	72	279	126	176	205	154	302	412	667	205	361
20 日		288		249		317		299		395	
21 日		127		258		128		324		267	
22 日		232		364		294		297		319	

表 7-4 煤泥水入料颗粒的平均粒度

10 日浊度/NTU	平均粒度计算值/mm	11 日浊度/NTU	平均粒度计算值/mm	日平均浊度/NTU	平均粒度计算值/mm
767	0.009	>1000	0.007	868	0.008
692	0.010	>1000	0.007	943	0.008
853	0.008	971	0.007	821	0.008
827	0.008	886	0.008	686	0.010
840	0.008	934	0.008	163	0.028
>1000	<0.007	>1000	0.007	364	0.015
>1000	0.007	947	0.008	203	0.024
818	0.008	911	0.008	227	0.022
749	0.009	875	0.008	253	0.020
902	0.008	924	0.008	269	0.019
>1000	<0.007	930	0.008	231	0.022
				167	0.027
				237	0.021

7.2.3 颗粒表面 Zeta 电位

对一定时间内选煤厂浓缩机的入料、产品以及加压过滤机的滤液进行电动电位分析，结果见表 7-5。

表 7-5 煤泥水入料固体颗粒的电动电位

样品名称	入料	底流	溢流	8939 滤液	8940 滤液	8941 滤液
11 日	-22.19	-17.77	-17.99	-14.88	-27.01	-22.90
15 日	-27.01	-22.90	—	-13.17	—	-13.88
26 日	-21.52	-16.60	-16.57	-13.97	-15.99	-13.82

试验参数：温度：22.6℃，电压：15 mV，pH：7。

由表 7-5 可以看出，煤泥水入料的电动电位较正常煤质的 19.2 mV 偏高，结合图 6-15 可以看出，11 日、15 日、17 日煤样的氧化度分别为 30%、20%、60%，氧化煤数量较多，颗粒表面斥力较大，不易发生颗粒凝结或凝聚；需要通过添加聚合氯化铝降低颗粒的电动电位，使得煤泥沉降脱水。

7.3　效果评定

7.3.1　原煤处理量变化

煤泥水处理效果直接影响着选煤厂的正常生产，由于煤泥水处理针对细粒煤泥，煤泥在原煤中的含量大约为 10%，如果煤泥水处理不当，会直接导致选煤厂生产处理量下降，图 7-3 为改变药剂制度后选煤厂原煤日处理量。

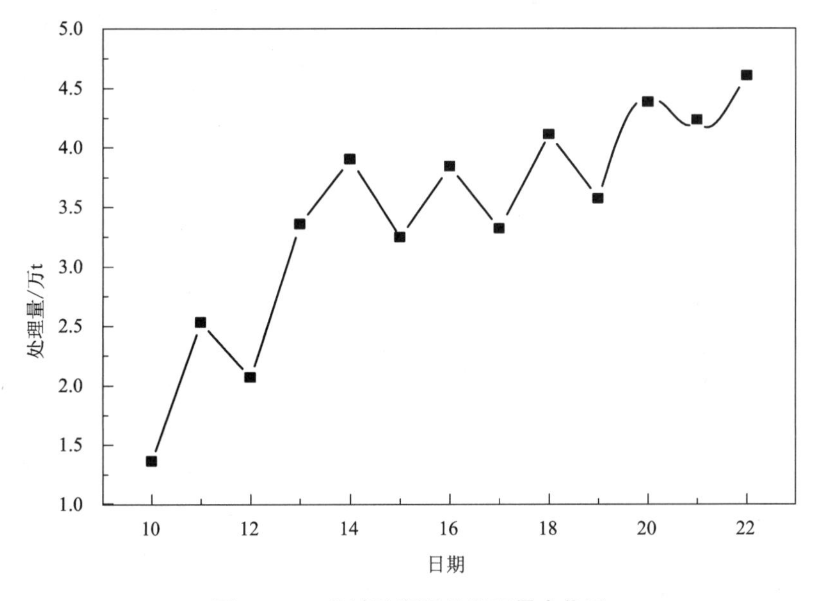

图 7-3　工业试验期间日处理量变化图

7.3.2　浓缩机处理效果

通过图 7-3 可以看出，由于工业试验前期入选原煤中风氧化煤含量较高，导致选煤厂原煤处理量下降，通过改变药剂制度，处理量逐步升高，截止到 22 日，选煤厂处理量为 4.5 万 t，达到了选煤厂生产要求。针对浓缩机溢流澄清度不够的问题，我们在加入絮凝剂的同时，加入一定量的凝聚剂，经过一段时间的观察发现，凝聚剂在节省药剂和提高浓缩机溢流澄清度方面起了一定作用，图 7-4 为工业试验期间的具体药剂消耗量。

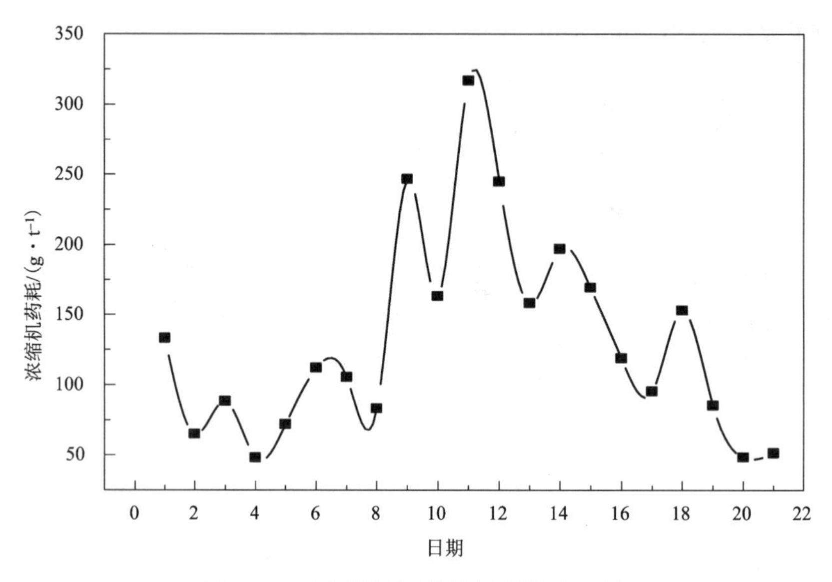

图 7-4　工业试验期间浓缩机药耗变化图

由图 7-4 可知，浓缩机药耗从月初到 8 日药剂消耗量相对比较稳定，8 日以后药剂消耗量开始增加，11 日时达到最大，在 325 g/t 左右，而且 9 日以后的浓缩机溢流效果很差，澄清度不高，时常出现冒黑水的现象，12 日开始向加药桶中添加凝聚剂，药剂消耗量逐渐降低，虽然中间出现反复，不过整体趋势仍然在降低，13 日以后的溢流澄清度都较好，溢流中含煤泥量较少，且很少有冒黑水的现象发生。说明凝聚剂在煤泥水沉降过程中起到了促进沉降的作用，并且减少了絮凝剂的用量。

图 7-5、图 7-6 为工业试验期间添加药剂前后煤泥水的性质变化。由表 7-5 可以看出煤泥水的 pH 为 6.9~7.1，电导率为 0.50~0.65 ms/cm，比重也比较稳定，以选煤厂自来水的比重为标准值 1，浓缩机加药前入料比重通常为 1.02~1.03，说明浓缩机入料浓度基本保持不变。表 7-6 可以看出浓缩机加药后入料 pH 有所降低，电导率为 6.8~6.9 ms/cm。pH 降低主要原因是在浓缩机中加入了凝聚剂，由于药剂含量较少，所以 pH 降低也较小。电导率为 0.60~0.70 ms/cm，比重也比较稳定，以选煤厂自来水的比重为标准值 1，浓缩机加药前入料比重通常为 1.02~1.03，说明浓缩机给料浓度基本保持不变。

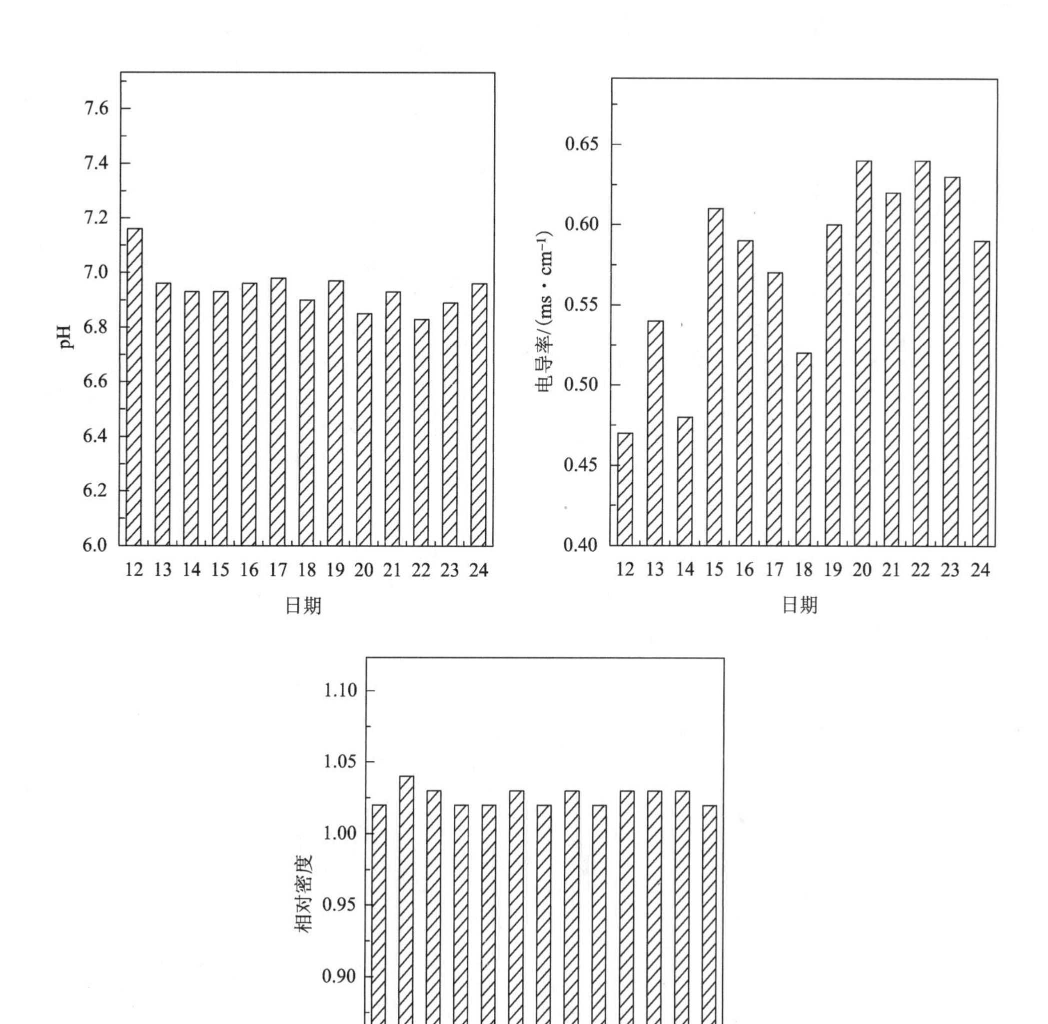

图 7-5　工业试验期间浓缩机入料性质的变化

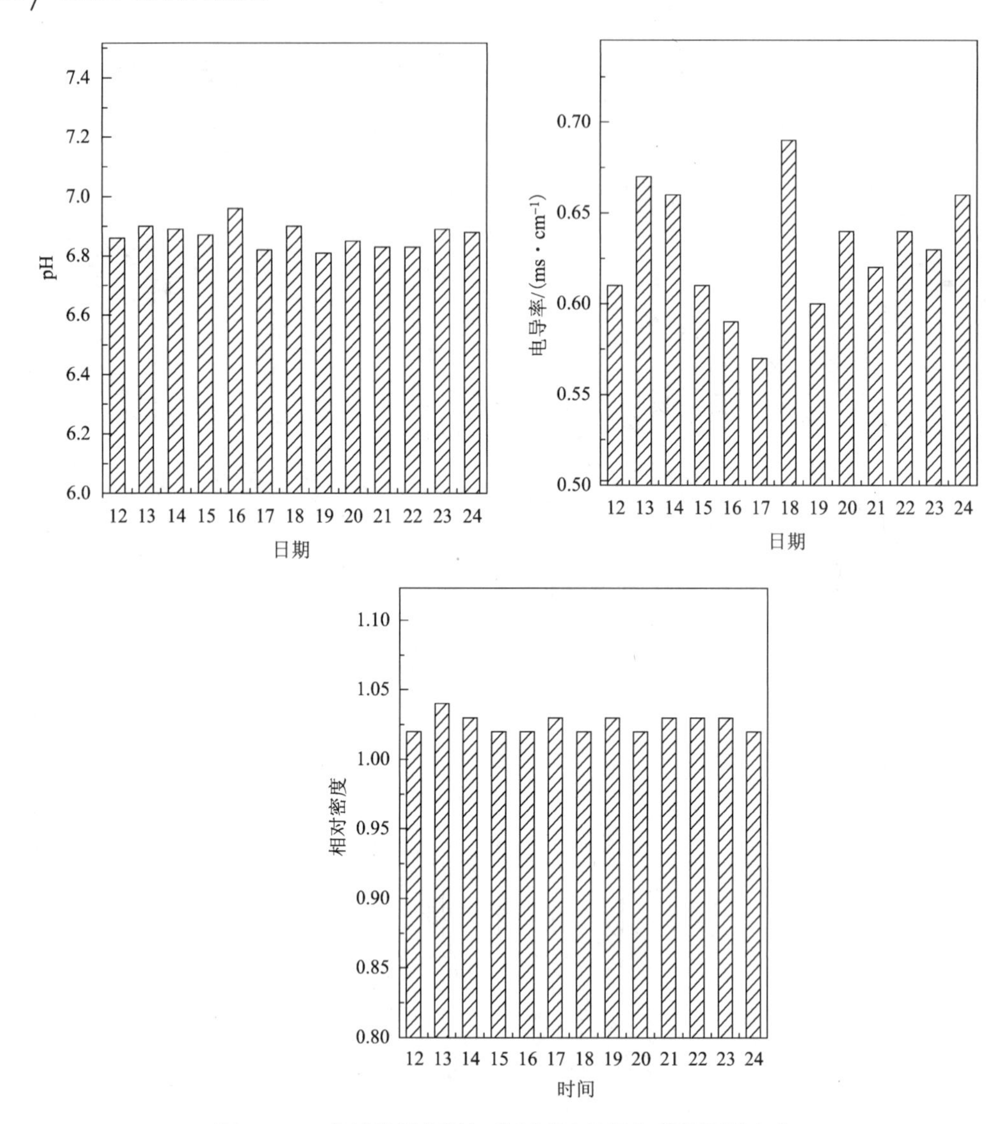

图 7-6 工业试验期间添加药剂后浓缩机入料性质的变化

通过对煤泥水数据的监测，可以发现浓缩机溢流 pH 和电导率变化较小，浓缩机溢流的比重也比较稳定，在 1.00 至 1.01 之间，说明浓缩机溢流中含煤泥量较少，此外，通过调整现场药剂制度，浓缩机溢流水的吸光度保持在 0 至 0.2 范围内，见图 7-7，比工业试验前 5 g/L 明显降低。而浓缩机底流的比重也保持在 1.20 至 1.30 之间，经换算可知此时底流的固体物浓度达到 300~400 g/L，满足了加压过滤机对入料的浓度要求，提升了脱水设备的处理能力。

图 7-8 为浓缩机溢流吸光度的变化。

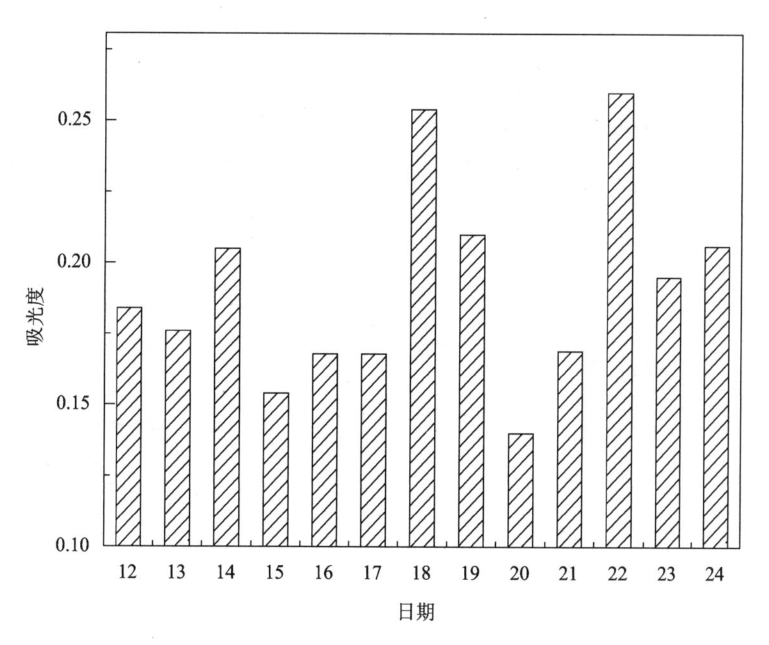

图 7–7　浓缩机溢流吸光度的变化

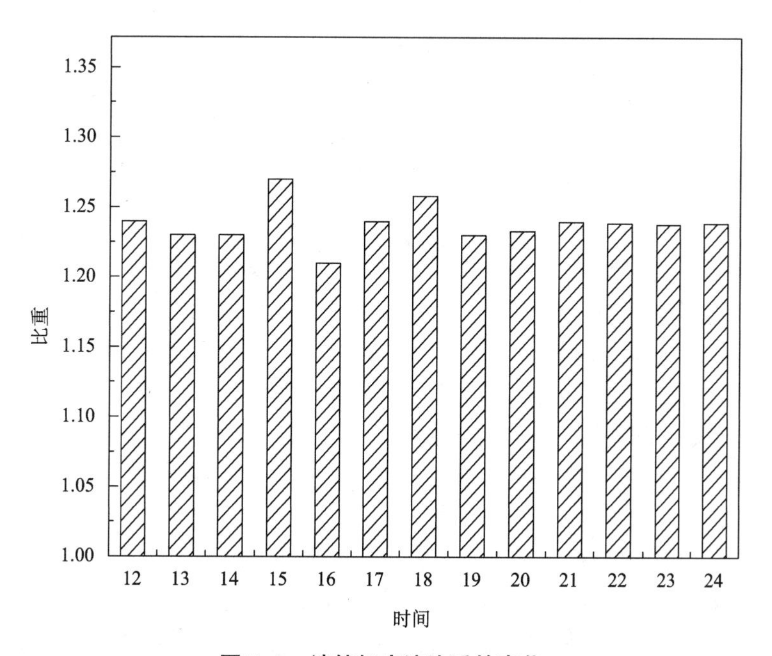

图 7–8　浓缩机底流比重的变化

7.3.3 加压过滤机处理效果

针对加压过滤机排料周期过长的问题，提出了改变助滤剂的方法，加压过滤机脱水周期有了明显下降，而且加压过滤机内部压力和压差没有较大波动，由于滤液的澄清度涉及滤布破损、滤板的磨损、滤液取样口的堵塞等诸多因素，造成滤液浊度波动较大，但同工业试验前相比已经有了很大改善。图 7-9 为工业试验前后加压过滤机煤泥的处理量变化图。

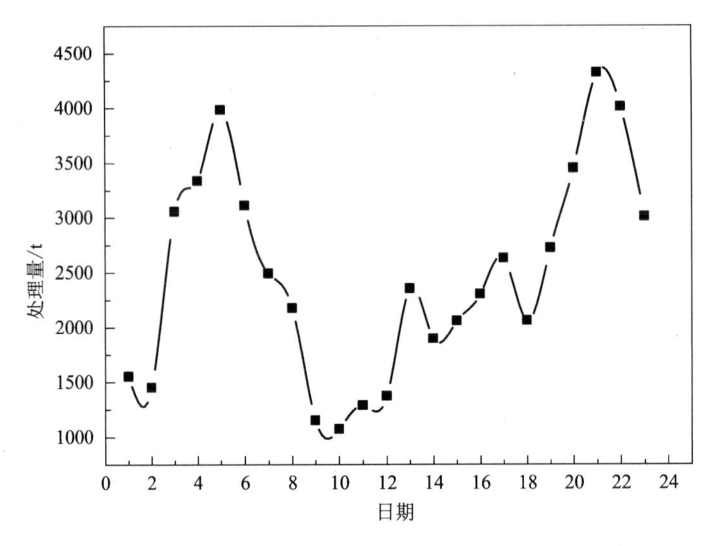

图 7-9 加压过滤机煤泥处理量变化

由图 7-9 可以看出，月初选煤厂加压过滤机处理量较大，为 3500 t 左右，由于风氧化煤数量的增加，6 日以后处理量开始下降，到 10 日处理量达到最低值 1000 t，12 日采用新的药剂制度后，处理量逐步上升，21 日处理量达到了本月最高，为 4400 t。由于沉降效果的转好，过滤时助滤剂的添加用量逐步下降，图 7-10 为工业性试验期间药剂的消耗量，从而为选煤厂节省了大量药剂成本。

对选煤厂的 8939 和 8940 加压过滤机的工作时间和滤液效果进行监测，结果见图 7-11、图 7-12。

通过图 7-11、图 7-12 可以看出，工业试验期间，加压过滤机的工作时间较稳定，没有出现大的故障，说明在改变药剂制度后，设备运转正常，新药剂对设备无不良影响。通过对滤液吸光度的测定，发现改变药剂制度后吸光度虽然有所波动，但是都在范围之内，说明澄清度较好，尤其是 15 到 18 日，吸光度很稳定，在 20 日由于 8939 加压过滤机滤布破损严重，滤液开始变浑浊，无法测定吸光度。

图 7-13 为工业试验前后加压过滤机的滤液效果。

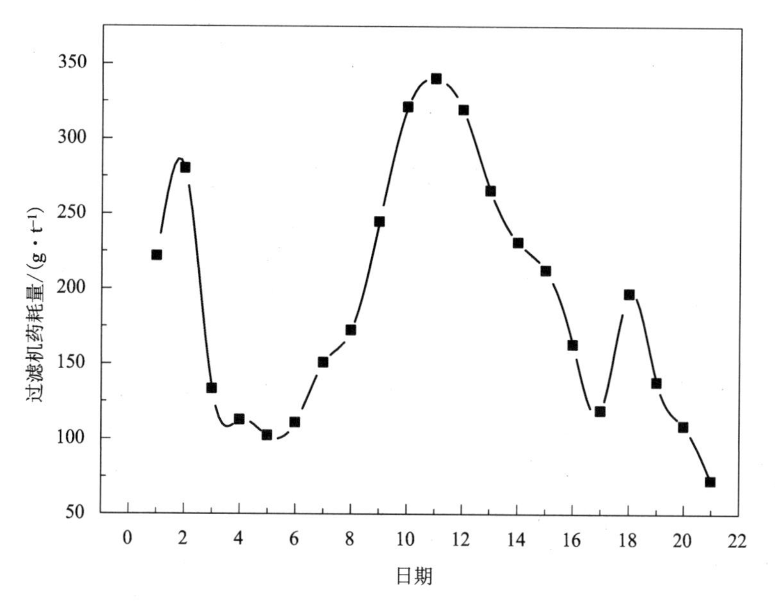

图 7-10　加压过滤机药耗量随时间变化关系图

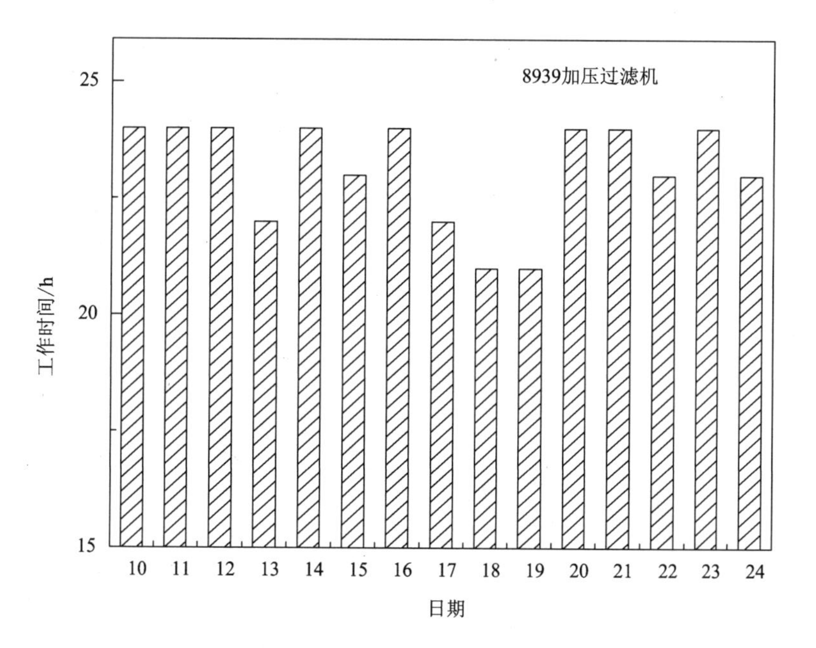

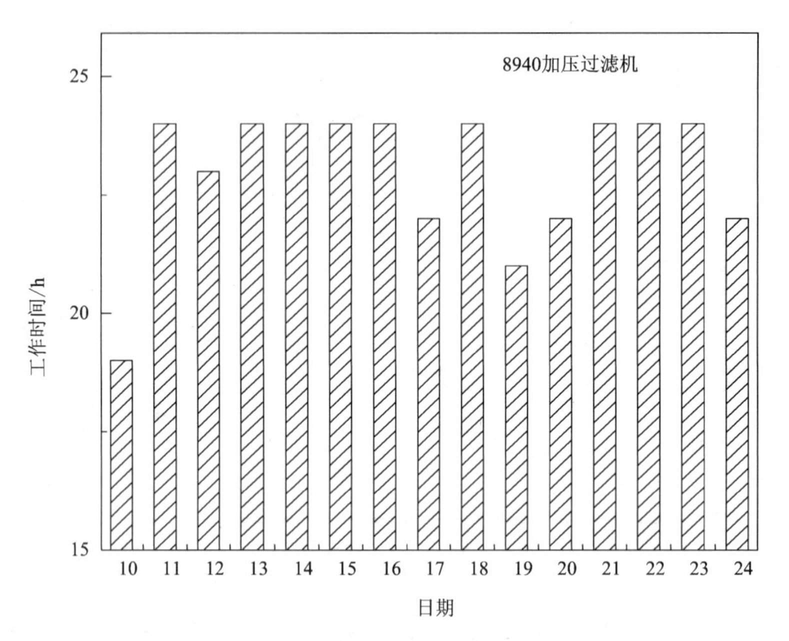

图 7-11　加压过滤机工作时间变化图

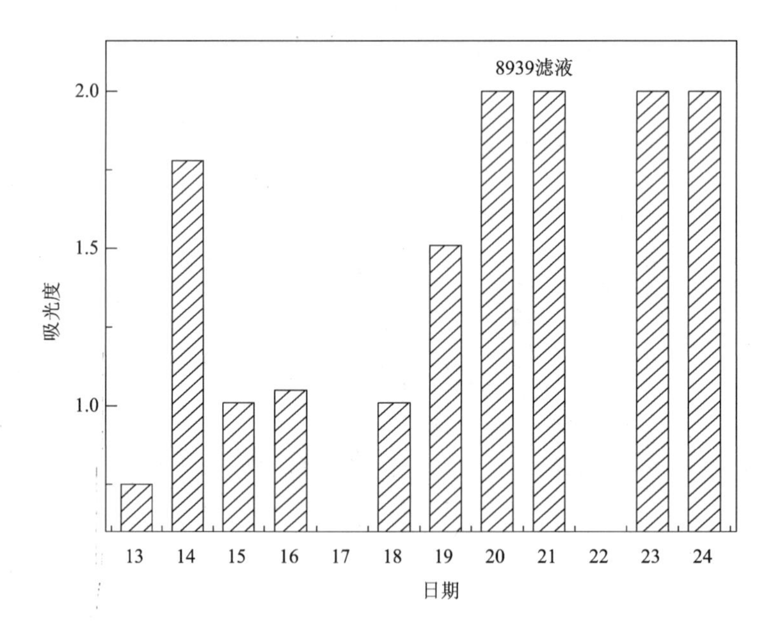

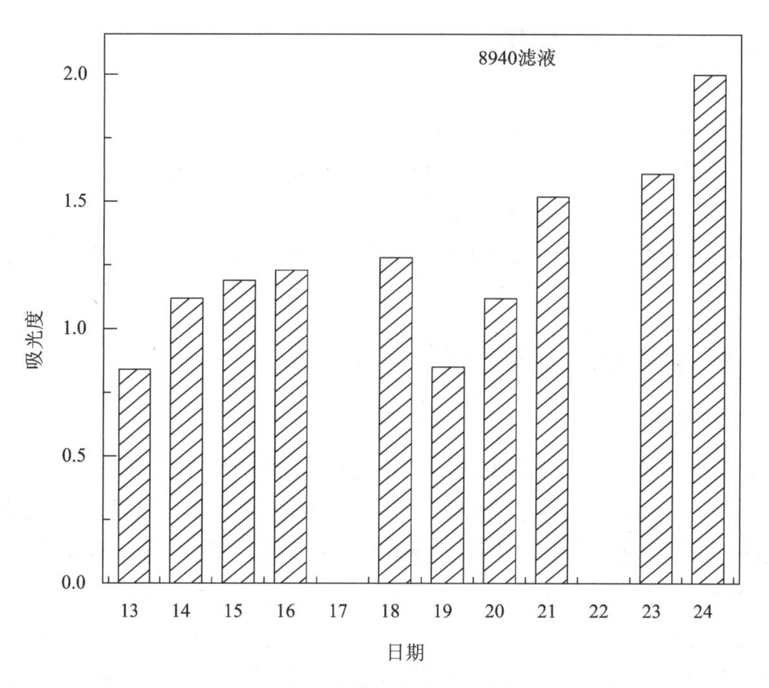

图7-12　加压过滤机滤液吸光度变化图

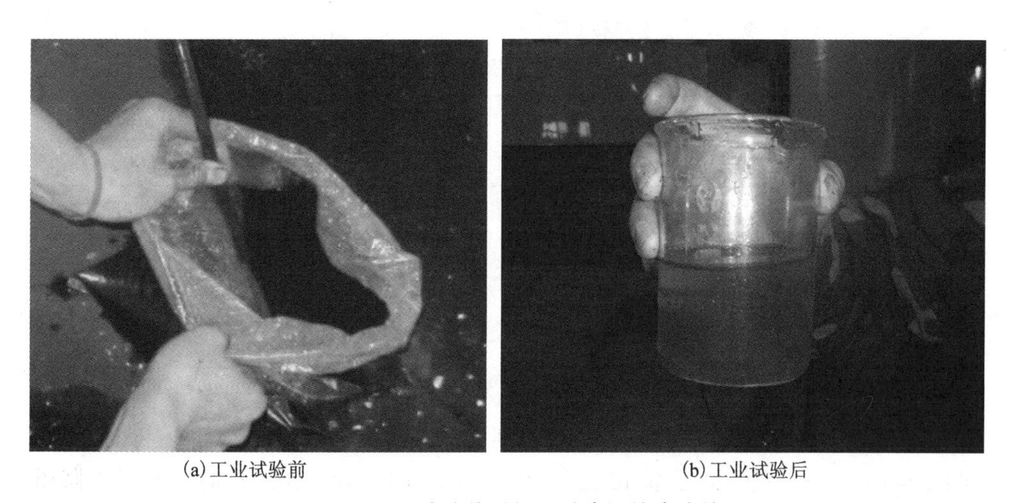

(a)工业试验前　　(b)工业试验后

图7-13　工业试验前后加压过滤机的滤液效果

7.4 技术经济分析

通过在平朔二号井的工业性试验，不仅成功解决了选煤厂煤泥水沉降脱水困难等问题，同时也为选煤厂创造了直接的和间接的经济效益。通过工业性试验，一方面找到了适合选煤厂煤泥水处理的最佳及最经济药剂，另一方面，也改善了循环水状况，提高了选煤厂处理量，降低了介质消耗量，以下为技术经济分析数据。

7.4.1 生产成本经济分析

(1)药剂成本

当煤泥入料中没有风氧化煤或少量风氧化煤时，絮凝剂药剂消耗量为 75 $g/t_{煤泥}$左右，但是当风氧化煤含量增加时，絮凝剂药剂消耗量升高到 250 $g/t_{煤泥}$左右，且浓缩机溢流水浑浊，经常出现冒黑水的现象，改变药剂制度后，增加凝聚剂，大大减少了絮凝剂用量，且浓缩机溢流水变澄清，絮凝剂用量降低到了 50 $g/t_{煤泥}$以下，而凝聚剂消耗量为 100 $g/t_{煤泥}$左右，助滤剂消耗量为 300 $g/t_{煤泥}$左右，而改变药剂制度后，助滤剂消耗量降低到了 100 $g/t_{煤泥}$左右，按照平均日生产 3 万 t 计算，其中煤泥含量为 10%，则为日处理煤泥量 3000 t，如果每年有 20 天风氧化煤含量较高，则表 7-6 为改变药剂前后经济性比较。

表 7-6　工业试验前后浓缩机药剂消耗量比较

试验阶段	药剂	消耗量/($t \cdot d^{-1}$)	总药剂消耗量/t	总价格/元
工业试验前	絮凝剂	0.75	15	225000
工业试验后	絮凝剂	0.15	3	60000
	凝聚剂	0.3	6	18000
工业试验前	助滤剂	0.9	18	270000
工业试验后	助滤剂	0.3	6	120000

通过表 7-6 可以看出，采用新型药剂制度后，一年可以节约絮凝剂 12 t，可节约 147000 元，节约助滤剂 12 t，节约成本 150000 元，合计药剂成本可以降低 29.7 万元。

(2)介质消耗量经济计算

当风氧化煤含量较高时，造成煤泥水溢流浑浊，而浑浊的溢流进入循环水，循环水重新进入选煤厂主洗车间，造成入洗原煤中煤泥含量进一步升高，形成恶性循环，而高煤泥量的原煤进入重介质分选机，重介质被细粒级煤泥带走，无法及时回收，造成重介质的流失，最终造成重介质分选机密度无法得到保证，影响全厂的生产，而改变药剂制度后，不仅保证了重介质分选机密度的稳定，也减少了重介质的消耗量，具体见表7-7。

表7-7 工业试验前后介质消耗量比较

试验阶段	消耗量/($t \cdot d^{-1}$)	总药剂消耗量/t	总价格/元
工业试验前	6	120	144000
工业试验后	5.5	110	132000

通过表7-7可以看出，改变药剂制度后，二号井选煤厂的介质平均消耗量比工业性试验前平均消耗量减少了8%，平均每天减少介质消耗量0.5 t，如果二号井选煤厂每年有20 d出现风氧化煤含量高的现象，可减少介质消耗10 t，每吨重介质按照1200元计算，可节省成本12000元。

7.4.2 处理量经济计算

通过图7-3可以看出，工业试验将原煤的处理量由1.5万t提高到了3.5万t，若按照每年有20天出现风氧化煤含量增多的情况，则处理量增加所产生的利润见表7-8。由此可以看出，改变药剂制度后一年可增加产量40万t，可增加利润400万元。

表7-8 风氧化煤含量高时改变药剂前后原煤处理量比较

试验阶段	产量/($t \cdot d^{-1}$)	时间/d	总产量/t	利润/万元
工业试验前	15000	20	300000	300
工业试验后	35000	20	700000	700

7.5 小结

(1)通过工业性试验可以得出，根据低阶氧化煤的沉降脱水耦合作用规律对平朔二号井选煤厂药剂制度进行调整、优化，并采用絮凝剂对滤饼结构进行重构，防止细颗粒的钻隙阻塞作用，改善了煤泥水的沉降效果，提高了加压过滤机的脱水速率，最终提高了全厂的生产处理量。

(2)通过对选煤厂原煤及浓缩机入料和底流的小筛分试验可以看出，浓缩机入料中含有-0.045 mm 粒级的煤泥占到了 77.37%，远低于悬浮液的临界颗粒尺寸，因而煤泥泥化现象十分严重，是导致煤泥水难沉降和加压过滤机排料周期变长、滤液浑浊的一个主要原因。

(3)煤泥水系统处理效果直接影响着全厂的生产，通过工业性试验改变药剂制度后，二号井选煤厂产量由试验前的 15000 t/d 增加到平均 35000 t/d，药剂消耗量由工业性试验前的 325 $g/t_{煤泥}$降低到 50 $g/t_{煤泥}$。且改变药剂制度后浓缩机处理效果得到明显改善。加压过滤机处理能力得到提升，药耗下降，由工业性试验前的 300 g/t 降低到 100 g/t，处理量由工业性试验前的 1500 t/d 提高到了 4000 t/d，不仅缩短了加压过滤机周期，同时改善了滤液的情况。

参考文献

[1]煤炭科技“十二五”规划. 中国煤炭工业协会, 2010.

[2]国家能源科技“十二五”规划(2011-2015). 国家能源局, 2011.

[3]国家统计局. 中华人民共和国2019年国民经济和社会发展统计公报. 2020.

[4]降林华, 朱书全, 邹立壮, 等. 阳离子高分子絮凝剂在细粒煤泥水中的应用[J]. 煤炭科学技术, 2008, (5): 97-100.

[5]高贵军. 絮凝剂溶解液制备及自动添加机理研究[D]. 太原理工大学, 2010.

[6]杨毛生, 郭德, 魏树海. 煤泥脱水回收设备及其发展方向[J]. 选煤技术, 2011(4): 74-77.

[7]马祯, 刘佳. 浅谈选煤厂煤泥水处理方法的工艺改造[J]. 科技视界, 2012(27): 146-147.

[8]陈清如. 发展洁净煤技术推动节能减排[J]. 中国高校科技与产业化, 2008(3): 65-67.

[9]刘亮. 影响煤泥水沉降的因素分析[J]. 煤炭加工与综合利用, 2013, (S1): 20-24.

[10]张英杰, 巩冠群, 吴国光. 煤泥水处理方法研究[J]. 洁净煤技术, 2014, 20(3): 1-4.

[11]冯莉, 刘炯天, 张明青. 煤泥水沉降特性的影响因素分析[J]. 中国矿业大学学报, 2010, 39(5): 671-675.

[12]Esen Bolat, Slema Saglam, Sabriye Piskin. 氧化反应对土耳其烟煤浮选性的影响[J]. 煤质技术, 2000(1): 38-39.

[13]宋少先. 疏水絮凝理论与分选工艺[M]. 北京: 煤炭工业出版社, 1993.

[14]王金生. 煤泥水沉降影响因素分析[J]. 煤炭加工与综合利用, 2015(11): 56-57.

[15]张明青, 刘炯天, 单爱琴, 等. 煤泥水中Ca^{2+}在黏土矿物表面的作用[J]. 煤炭学报, 2005, 30(5): 637-641.

[16]闵凡飞, 张明旭, 朱金波. 高泥化煤泥水沉降特性及凝聚剂作用机理研究[J]. 矿冶工程, 2011, 31(4): 55-58.

[17]张慎军, 张覃, 张碧发, 等. 碳酸钾作为煤泥沉降凝聚剂的试验研究[J]. 化工矿物与加工, 2011, 40(10): 13-15.

[18]路婷. 天然高分子共聚物合成絮凝剂的研究[D]. 北京林业大学, 2007.

[19]张金波, 赵海燕, 郑力会. 改性淀粉天然高分子絮凝剂的研究进展[C]// 中国油田化学品开发应用研讨会. 2007.

[20]杨慧芬, 肖晶晶, 王峰, 等. 红城红球菌对微细粒赤铁矿的吸附-絮凝作用[J]. 中南大学学报(自然科学版), 2013, 44(3): 874-879.

[21]梁峙, 韩宝平. 生物絮凝剂处理高浓度细粒煤泥水的优化条件研究[J]. 金属矿山, 2010(6): 153-159.

[22]林喆, 杨超, 沈正义, 等. 高泥化煤泥水的性质及其沉降特性[J]. 煤炭学报, 2010(2):

312-315.
[23]石太宏，郭蔼仪，王靖文，等. 新型絮凝剂 PPFS 的制备及其絮凝性能研究[J]. 中国环境科学，2001，21(2)：161-164.
[24]贾菲菲，李多松，张曼，等. 煤泥水沉降实验研究[J]. 能源环境保护，2011，25(2)：21-24.
[25]吕淑湛，赵世永，李振. 煤泥水絮凝沉降效果影响因素的试验研究[C]// 全国选煤技术交流会. 2013.
[26]亓欣，匡亚莉，林喆，等. 高灰细泥煤泥水沉降实验研究[J]. 煤炭工程，2011(2)，88-90.
[27]徐初阳，李孟婷，聂荣春，等. 矸石入选比例变化对煤泥水水质硬度的影响[J]. 选煤技术，2013(1)：31-34.
[28]王辉锋，赵龙，徐志强，等. 高岭石对煤泥沉降影响的研究[J]. 选煤技术，2012(3)：8-10，18.
[29]崔广文，刘惠杰，朱付显，等. 不同性质煤泥水的絮凝沉降试验研究[J]. 选煤技术，2009，(4)：28-30.
[30]吕一波，刘亚星，张乃旭. 絮凝药剂 CPSA 对高泥化煤泥水沉降特性的影响[J]. 黑龙江科技大学学报[J]. 2014，24(2)：157-161.
[31]徐初阳，聂容春. 光引发合成聚丙烯酰胺的研究[J]. 安徽理工大学学报(自然科学版). 2003，6，23(2)：49-52.
[32]王卫东，李昭，严蕾，等. 微波辐照改变煤泥水沉降过滤性能的机理[J]. 2014，39(S2)：503-507.
[33]吴玲. 改善城市污水厂污泥脱水性能的试验研究[D]. 湖南大学，2012.
[34]夏文成，杨建国，朱宾，等. 磨矿对氧化煤浮选效果的影响[J]. 煤炭学报，2012，12，37(12)：2088-2091.
[35]戴广龙. 煤低温氧化过程气体产物变化规律研究[J]. 煤矿安全，2007(1)：1-4.
[36]F A Bruening，A D Cohen. Measuring surface properties and oxidation of coal macerals using the atomic force microscope[J]. Coal Geology，2005，(63)：195-204.
[37]Zhongsheng Li，Peter M Fredericks，Colin R Ward，et al. A case study using micro attenuated total reflectance - Fourier transform infrared (ATR - FTIR) spectrometry [J]. Oianic Geochemistiy，2010(41)：554-558.
[38]徐辉. 低温氧化对煤质特征及分子结构影响的研究[D]. 安徽理工大学，2012.
[39]周坤，王光辉，王慧，等. 氧化度对炼焦煤工艺性质的影响研究[J]. 煤炭转化，2010，33(1)：34-36.
[40]张国星. 煤的氧化对煤质分析结果的影响[J]. 化学工程与装备，2009(7)：163-164.
[41]白向飞，李文华，罗陨飞. 中国西部弱还原性煤的结构特征初步研究[J]. 煤炭转化，2006，29(4)：5-8.
[42]夏文成. 太西氧化煤难浮机理及其可浮性改善研究[D]. 中国矿业大学，2014.
[43]王娜，朱书全，杨玉立，等. 含氧官能团对褐煤热态提质型煤防水性的影响[J]. 煤炭科学技术，2010，38(3)：125-128.

[44]傅晓恒，朱书全，王祖讷，等.煤在水中的润湿热与水煤浆成浆性的关系[J].选煤技术，1997(1)：45-47.
[45]L 别斯拉，等.在某些表面活性剂存在时阴离子聚丙烯酰胺对高岭土悬浮液的絮凝和脱水研究[J].国外金属矿选矿，2003，5，28-44.
[46]匡亚莉，亓欣，邓建军，等.选煤厂高泥化煤泥水絮凝沉降的实验[J].洁净煤技术，2010，(3)：9-13.
[47]罗茜.固液分离[M].北京：冶金工业出版社，1997.
[48]董宪姝，孙玲，孙冬，等.电解处理难沉降煤泥水最佳工艺条件的研究[J].选煤技术，2010，(5)：5-9.
[49]李亚萍.粒度组成对煤泥水沉降影响的研究[J].广东化工，2011，38(6)：312-314.
[50]卢安民.泥化条件下煤泥沉降试验与研究[J].煤炭工程，2005(9)：64-67.
[51]赵亮富，赵玉龙.宽粒度分布的细颗粒沉降[J].化学反应工程与工艺，1997，13(3)：304-309.
[52]罗钧耀，张召述，王金博，等.大红山微细粒铁尾矿沉降特性研究[J].硅酸盐通报，2012，31(2)：275-279.
[53]王锦荣，周汉文，吴继光，等.高岭土粒度分布对黏浓度影响的实验研究[J].非金属矿，2010，33(4)：5-8，33.
[54]Solomentseva I，Sándor Bárány，Gregory J . The effect of mixing on stability and break-up of aggregates formed from aluminum sulfate hydrolysis products[J]. Colloids and Surfaces A (Physicochemical and Engineering Aspects)，2007，298(1-2)：34-41.
[55]乔光全. 不同因素对粘性泥沙絮凝特性的影响研究[D]. 天津大学，2013.
[56]张乃予，周晶晶，王捷. 黏性泥沙絮团强度的试验研究综述[J]. 泥沙研究，2015(5)：75-80.
[57]朱中凡，赵明，杨铁笙. 紊动水流中细颗粒泥沙絮凝发育特征的试验研究[J]. 水力发电学报，2010，29(4)：77-83.
[58]Droppo I G，Walling D E，Ongley E D，et al. The influence of floc size，density and porosity on sediment and contaminant transport[C]// The role of erosion and sediment transport in nutrient and contaminant transfer. Proceedings of a symposium held at Waterloo，Ontario，Canada in July 2000，2000：141-147.
[59]赵静，付晓恒，宋国阳，等. 絮团形态学特征对絮团与气泡碰撞、吸附的影响[J]. 煤炭学报，2017，42(3)：738-744.
[60]Jarvis P，Jefferson B，Gregory J，et al. A review of floc strength and breakage[J]. Water Research，2005，39(14)：3121-37.
[61]Vahedi A，Gorczyca B. Application of fractal dimensions to study the structure of flocs formed in lime softening process[J]. Water Research，2011，45(2)：545-556.
[62]杨慧芬，肖晶晶，王峰，等. 红城红球菌对微细粒赤铁矿的吸附-絮凝作用[J]. 中南大学学报(自然科学版)，2013，44(3)：874-879.
[63]郭玲香，欧泽深，胡明星.煤泥水悬浮液体系中 EDLVO 理论及应用[J].中国矿业，1999，

06: 72-75.

[64]程江, 何青, 王元叶. 利用LISST观测絮凝体粒径、有效密度和沉速的垂线分布[J]. 泥沙研究, 2005(1): 33-39.

[65]李冬梅, 谭万春, 黄明珠, 等. 絮凝体的分形特性研究[J]. 给水排水, 2004, 5: 5-10.

[66]Sun S, Webershirk M, Lion L W. Characterization of flocs and floc size distributions using image analysis. [J]. Environmental Engineering Science, 2015, 33(1): 25.

[67]Ilev I K, Robinson R A, Waynant R W. Particle image velocimetry system having an improved hollow-waveguide-based laser illumination system. US: US7787106[P]. 2010.

[68]湛含辉, 张晓琪, 湛雪辉, 等. 混凝机理物理模型中混合剪切阶段的研究[J]. 环境科学与技术, 2005, 28(S1): 4-6.

[69]湛含辉, 罗彦伟. 高浓度细粒煤泥水的絮凝沉降研究[J]. 煤炭科学技术, 2007, 35(2): 80-83, 87.

[70]湛含辉, 钟乐, 韦小利. 聚丙烯酰胺絮凝机理及流体力化学因素的研究[J]. 选煤技术, 2007(1): 7-11.

[71]Tao D, Parekh B K, Liu J T, Chen S. An investigation on dewatering kinetics of ultrafine coal [J]. International Journal of Mineral Processing, 2003, 70: 235-249.

[72]D Tao, J G Groppo, B K Parekh. Enhanced ultrafine coal dewatering using flocculation filtration processes[J]. Minerals Engineering, 2000 (2).

[73]B P Singh, L Besra, P S R Reddy, D K Sengupta. Use of surfactants to aid the dewatering of fine clean coal[J]. Elsevier Science, 1998, (12).

[74]暴耀飞, 陈建中, 沈丽娟. 细粒浮选精煤加压过滤深度脱水试验研究[J]. 矿山机械, 2011, 39(11): 86-89.

[75]夏畅斌, 黄念东, 何绪文. 表面活性剂对细粒煤脱水的试验研究[J]. 煤炭科学技术, 2001, 29(3): 41-42.

[76]江在成. 低浓度超细高岭土悬浮液絮凝脱水的试验研究[J]. 中国非金属矿工业导刊, 2004, (1).

[77]石常省, 谢广元, 张悦秋. 细粒煤压滤滤饼的微观结构分析[J]. 中国矿业大学学报, 2006, (1): 99-103.

[78]张庆河, 王殿志, 吴永胜. 粘性泥沙絮凝现象研究述评(1)絮凝机理与絮团特性[J]. 海洋通报, 2001, 20(6).

[79]Spicer P T, Pratsinis S E. Shear-induced flocculation: The evolution of floc structure and the shape of the size distribution at steady state[J]. Water Research, 1996, 30(5): 1049.

[80]金文, 王道增. PIV直接测量泥沙沉速试验研究[J]. 水动力学研究与进展, 2005, 20(1): 19-23.

[81]Smith S J, Friedrichs C T. Image processing methods for in situ estimation of cohesive sediment floc size, settling velocity, and density[J]. Limnology & Oceanography Methods, 2015, 13(5): 250-264.

[82]浦兴国, 浦世亮, 袁镇福, 等. 激光干涉气液两相流颗粒速度矢量测量的研究[J]. 中国电

机工程学报，2004，24(11)：237-240.
[83]邵建斌，胡永亭，陈刚，等. 水气两相流中气泡运动的PTV跟踪算法研究[J]. 水力发电学报，2010，29(6)：121-125.
[84]由长福，祁海鹰，徐旭常，等. 采用PTV技术研究循环流化床内气固两相流动[J]. 应用力学学报，2004，21(4)：1-5.
[85]钟润生，张锡辉，肖峰. 絮体分形结构对沉淀速度影响研究[J]. 环境科学，2009，30(8)：2353-2357.
[86]唐海香，张荣曾.煤泥水絮凝过程动力分析[J].煤炭学报，2005，30(3)：371-373.
[87]张明青，刘炯天，何伟，等.煤泥水絮凝处理中絮凝体的分形特征[J].环境科学研究，2009(8)：956-960.
[88]武若冰，王东升，李涛.絮体性能极其工艺调控的研究与进展[J].环境科学学报，2008，(4)：593-598.
[89]Xie X，Li H，Hu F，et al. An improved tracking algorithm of floc based on compressed sensing and particle filter[J]. Annals of Telecommunications，2017.
[90]李培睿，李宗义，王振宇. 活性污泥凝絮体的形成过程[C]// 微生物生态学研究进展——第五届微生物生态学术研讨会论文集. 2003.
[91]Yukselen M A，Gregory J . The reversibility of floc breakage[J]. International Journal of Mineral Processing，2004，73(2)：251-259.
[92]Solomentseva I，Sándor Bárány，Gregory J . The effect of mixing on stability and break-up of aggregates formed from aluminum sulfate hydrolysis products[J]. Colloids and Surfaces A (Physicochemical and Engineering Aspects)，2007，298(1-2)：34-41.
[93]Hermawan M，Bushell G C，Craig V S J，et al. Floc strength characterization technique. an insight into silica aggregation[J]. Langmuir，2004，20(15)：6450-6457.
[94]Barbot E，Dussouillez P，Bottero J Y，et al. Coagulation of bentonite suspension by polyelectrolytes or ferric chloride：Floc breakage and reformation[J]. Chemical Engineering Journal，2010，156(1)：83-91.
[95]Richard W Sternberg，Gail C Kineke，et al. The variability of suspended aggregates on the Amazon Continental Shelf[J]. Continental Shelf Research，1997，17
[96]叶健，吴纯德，梁佳莉. 硫酸铝作为混凝剂时絮体破碎与再絮凝的研究[J]. 中国给水排水，2011，27(7)：71-74.
[97]张忠国，栾兆坤，赵颖. 聚合氯化铝(PACl)混凝絮体的破碎与恢复[J]. 环境科学，2007，1(2)：346-351.
[98]盛楠. 破碎絮体的再絮凝技术研究[D]. 武汉：武汉理工大学，2012.
[99]俞文正，杨艳玲，孙敏. 温度和初始颗粒大小对絮体破碎再絮凝的研究[J]. 哈尔滨工业大学学报，2010，42(10)：1572-1576.
[100]姚婧博. 混凝絮体破碎及再絮凝机理研究[D]. 哈尔滨：东北林业大学，2013.
[101]宋帅，樊玉萍，马晓敏，等. 机械剪切对煤泥絮团结构特性及影响机理的研究[J]. 煤炭科学技术，2020，48(6)：214-219.

[102]王振生. 关于选煤厂的用水和治水问题[J]. 煤炭加工与综合利用, 1998, 16(3): 3-5.
[103]马玖坤, 王云良, 薛祥军, 等. 选煤厂洗水闭路循环实践[J]. 煤炭技术, 1999, 18(2): 18-19.
[104]张志军, 刘炯天. 基于原生硬度的煤泥水沉降性能分析[J]. 煤炭学报, 2014, 39(4): 757-763.
[105]Lin Z, Wang Q, Wang T. Dynamic floc characteristics of flocculated coal slime water under different agent conditions using particle vision and measurement[J]. Water Environment Research, 2019, 28(5): 706-712.
[106]陈军, 闵凡飞, 刘令云, 等. 高泥化煤泥水的疏水聚团沉降试验研究[J]. 煤炭学报, 2014, 39(12): 2507-2512.
[107]Zhang Z, Liu J, Xu Z, et al. Effects of clay and calcium ions on coal flotation[J]. International Journal of Mining Science and Technology, 2013, 23(5): 689-692.
[108]冯泽宇, 董宪姝, 马晓敏, 等. 离子特性对煤泥水凝聚过程的影响[J]. 矿产综合利用, 2018, 39(5): 63-67.
[109]肖宁伟, 张明青, 曹亦俊. 选煤厂难沉降煤泥水性质及特点研究[J]. 中国煤炭, 2012, (6): 77-79, 93.
[110]郭世名, 郭凤梅. 凝聚剂与絮凝剂在杏花选煤厂煤泥水处理中的应用研究[J]. 煤炭技术. 2008, 2: 109-111.
[111]Chai S L, Robinson J, Mei F C. A review on application of flocculants in wastewater treatment[J]. Process Safety & Environmental Protection Transactions of the I, 2014, 92(6): 489-508.
[112]Ciftci Hasan, Isik Serhat. Settling characteristics of coal preparation plant fine tailings using anionic polymers[J]. The Korean Journal of Chemical Engineering, 2017, 34(8).
[113]Duzyol S, Eroz B, Agacayak T, et al. Flocculation of waste water from coal washing plant by polymers in Turkey[C]. Proceedings of International Conference on Engineering and Natural Sciences, ICENS, 2015. 2015.
[114]Sönmez O, Cebeci Y, Şenol D. Optimization of coal flocculation with an anionic flocculant using a Box-Wilson statistical design method[J]. Physicochemical Problems of Mineral Processing, 2014, 50(2): 811-822.
[115]Liu S X, Kim J T. Application of Kevine-Voigt model in Quantifying Whey Protein adsorption on polyethersulfone using QCM-D[J]. Journal of the Association for Laboratory Automation, 2009, 14(4): 847-852.
[116]Sabah E, Aciksoz C. Flocculation performance of fine particles in travertine slime suspension[J]. Physicochemical Problems of Mineral Processing, 2012, 48(2): 555-566.
[117]Cengiz I, Sabah E, Ozgen S, et al. Flocculation of fine particles in ceramic wastewater using new types of polymeric flocculants[J]. Journal of Applied Polymer Science, 2009, 112(3): 1258-1264.
[118]Alam N, Ozdemir O, Hampton M A, et al. Dewatering of coal plant tailings: Flocculation

followed by filtration[J]. Fuel, 2011, 90(1): 26-35.

[119]M le Roux, QP Campbell. An investigation into an improved method of fine coal dewatering[J]. Minerals Engineering, 2003, 16(10): 999-1003.

[120]康勇, 罗茜. 液体过滤与过滤介质[M]. 北京: 化学工业出版社, 2008.

[121]曾凡, 胡永平. 矿物加工颗粒学[M]. 江苏: 中国矿业大学出版社, 1995.

[122]杨俊利. 几种煤炭脱水设备选用方法的探讨[J]. 过滤与分离, 2002(2): 26-29.

[123]R M, Kakwani, H B Gala. Dewatering of fine coal- micrographic analysis of filter cake structure [J]. Powder Technology, 1985, 41: 239-250.

[124]Y J Zhang, G Q Gong. Physical properties and filter cake structure of fine clean coal from flotation[J]. International Journal of Mining Science and Technology, 2014, 24: 281-284.

[125]C Selomulya, J Y H Lian. Micro-properties of coal aggregates: Implications on hyperbaric filtration performance for coal dewatering[J]. International Journal of Mineral Processing, 2006, 80: 189-197.

[126]Iffat Jabeen, Muhammad Farooq, Nazir A Mir. Variable mass and thermal properties in three-dimensional viscous flow: Application of Darcy law[J]. Journal of Central South University. 2019, 26(5): 1271-1282.

[127]K B Thapa, Y Qi. Interaction of polyelectrolyte with digested swage sludge and lignite in sludge dewatering[J]. Colloids and Surfaces A: Physicochemical and Engineering Aspects, 2009, 334: 66-73.

[128]肖宝清, 周小玲. 煤的孔隙特性与煤中水分关系的研究[J]. 矿冶, 1995, 4(1): 90-93, 104.

[129]蒋富歌, 彭耀丽, 谢广元. 浮选精煤加压过滤机滤液处理方法研究[J]. 煤炭工程, 2014(2): 114-116.

[130]张荣曾, 杨明贺. 絮凝剂与凝聚剂综合处理晋城煤泥水的深度研究[J]. 科技资讯, 2007(5): 13-16

[131]王辉锋. 基于抑制粘土矿物膨胀水化的煤泥水调控机制研究[D]. 中国矿业大学(北京), 2012.

[132]魏克武, 牟杏妹. 高岭石和石英的浮选分离[J]. 非金属矿, 1992, 2: 53-57.

[133]亓欣, 匡亚莉. 黏土矿物对煤泥表面性质的影响[J]. 煤炭科学技术, 2013, 41(7): 126-128.

图书在版编目(CIP)数据

煤泥水沉降特性研究 / 樊玉萍著. —长沙：中南大学出版社，2021.1

ISBN 978-7-5487-3913-5

Ⅰ.①煤… Ⅱ.①樊… Ⅲ.①煤泥水处理—沉降—特性—研究 Ⅳ.①TD94

中国版本图书馆 CIP 数据核字(2019)第 293456 号

煤泥水沉降特性研究

MEINISHUI CHENJIANG TEXING YANJIU

樊玉萍 著

□责任编辑 史海燕
□责任印制 易红卫
□出版发行 中南大学出版社
社址：长沙市麓山南路 邮编：410083
发行科电话：0731-88876770 传真：0731-88710482
□印 装 长沙印通印刷有限公司

□开 本 710 mm×1000 mm 1/16 □印张 10 □字数 201 千字
□版 次 2021 年 1 月第 1 版 □2021 年 1 月第 1 次印刷
□书 号 ISBN 978-7-5487-3913-5
□定 价 50.00 元